Hal Gregersen
海爾‧葛瑞格森——著

吳書楡——譯

創意
提問力

麻省理工領導力中心前執行長
教你如何說出好問題

Questions
Are the Answer

A Breakthrough Approach to
Your Most Vexing Problems at Work and in Life

CHAPTER **01**｜比找到新答案更困難的是什麼？

CHAPTER **02**｜為何我們不多多提問？

CHAPTER *06*　| 你能安靜不出聲嗎？

CHAPTER *07*　| 你要如何導引能量？

對本書的讚譽

「海爾・葛瑞格森是一位罕見的教育家，他總是身體力行弘揚自身的信念。他特意讓自己跳脫舒適圈，不斷地讓能引導出更佳答案的偉大問題浮出檯面。我認為很棒的是，藉由本書，他讓更多人也可以跟著這麼做。」

——克雷頓・克里斯汀生（Clayton M. Christensen），哈佛商學院
克拉克講座企業管理教授（Kim B. Clark Professor of Business Administration）

「營造開放式環境，讓每一位經理人都能毫不恐懼地提問，是企業精進創新的第一步。本書作者闡述何以提出正確的問題是成功領導者的職責；這是每位渴望成為成功領導者的企業人士必讀之書。」

——納瑞亞納・穆棣（Narayana Murthy），
印孚瑟斯技術公司（Infosys）創辦人

「如果你想要找到簡單的答案來回答對於創意而言最重要的問題，那麼，只要讀本書的書名（Questions Are the Answer）就好。精通提問這門藝術並非易事，但海爾・葛瑞格森提供了大量的寶貴方

法，無論你要解決的是哪一類的難題，都可以讓你受益。」

——提姆・布朗（Tim Brown），IDEO 設計公司執行長兼
《設計思考改造世界》（*Change by Design*）作者

「如今機器已經很能提供答案了，此時，人類能否提出正確的問題
就更顯得重要。海爾・葛瑞格森說得很對，這是我們可以學習的技
能，也是我們必須傳授的技能。」

——伊藤穰一（Joi Ito），麻省理工媒體實驗室（MIT Media Lab）前主任
兼《進擊：未來社會的九大生存法則》（*Whiplash*）作者

「叛逆分子對我而言向來極具吸引力，這些反傳統的人從不同角度
看事物，並以正面且有建設性的方式帶來改變。本書提出了許多重
要洞見，透視這些『離經叛道』類型的人如何持續挑戰自己的立場
以及身邊的人所相信的最頑固假設。本書是創意思考文獻資料的重
要生力軍。」

——法蘭西斯卡・吉諾（Francesca Gino），哈佛商學院教授兼
《叛逆天才：拒絕一顆盲從的心，讓自己閃閃發光》（*Rebel Talent*）作者

「好奇心教不來；還是其實可以？好問題。答案是可以；如果能吸
收海爾・葛瑞格森提供的得來不易、但又非常便於取用的智慧，就
辦得到。這本書的目標讀者是商業領導者，但藝術家以及任何想要
培養自我、期待能長期透過巧妙提問來找答案的人，也應該要讀。

我真希望我一開始在這個世界闖蕩時就能有這本書。」

——山姆・阿貝爾（Sam Abell），《國家地理雜誌》攝影師兼《留住這一刻》（*Stay This Moment*）和《一張照片的一生》（*The Life of a Photograph*）作者

「在這本經典作品中，海爾・葛瑞格森讓教育者與家長了解如何教孩子培養提出好問題的能力與養成好奇的習慣，以及為何這些技能如此重要。本書貢獻卓著，能讓我們重新想像二十一世紀的教育。」

——東尼・華格納（Tony Wagner），暢銷書《教出競爭力：劇變未來，一定要教的七大生存力》（*The Global Achievement Gap*）與《教出創造力：哈佛教育學院的一門青年創新課》（*Creating Innovators*）作者

「人在一開始都是無所懼的提問者，但是大多數人隨著時間過去學會了壓抑這股衝動。本書有一個很簡單的前提，那就是我們可以仿效持續創意思考的人，培養出像他們一樣的習慣和技能，藉以重建提問能力，而作者也據此提出了強力的論述，是今日所有領導者的寶貴指南。」

——艾美・艾德蒙森（Amy C. Edmondson），哈佛商學院教授兼《無畏的組織》（*The Fearless Organization*）作者

獻給蘇西（Suzi）

——艾德・卡特莫爾（Ed Catmull）
皮克斯與迪士尼動畫工作室（Pixar Animation and Disney Animation）總裁兼
紐約時報暢銷書《創意電力公司：我如何打造皮克斯動畫》（*Creativity, Inc.*）作者

　　最近我去麻省理工拜訪海爾・葛瑞格森時，他對我說了一些和皮克斯與迪士尼動畫工作室有關的事；雖然我已經花了很多時間去思考我們的行事風格，卻仍未仔細想過他說的這些事。事實上，海爾的辦公室裡還放了一本我的書《創意電力公司：我如何打造皮克斯動畫》，我在這本書裡寫到皮克斯的工作方式。說這本書已經被「翻爛」還算是很客氣的說法，事實上書脊已經裂開，上面有很多筆記、劃線重點，還貼滿了便利貼，可以說整本書都要散開了。

　　「你在這本書裡不斷提問，」海爾對我說，「書裡到處都是問題。」他說，根據他拜訪過我多位同事之後的心得，廣義來說，我們的員工善於提出「觸發性問題」（catalytic question）來互相詰問。「感覺上你們好像有一種經過訓練的本能或是已經培養出一種習慣，讓你們可以在『我並不知道自己需要知道的事』的假設下持續運作。之後你們可以找到方法讓這些事浮上

檯面。」

　　我認同他的話。在皮克斯，多年來，為了將我們自己、我們的故事以及我們的電影製作推進新的創意領域，我們發展出多種方法，我甚至可以稱之為制度。舉例來說，我們的導演都知道，任何時候當他們覺得某個案子卡住了，或是需要用新眼光來看待進度時，就應該要召集「腦力信託」（Brain Trust），由同仁來挑戰他們的想法。這並不是隨意、臨時的聚會，「腦力信託」會議要遵循特定流程，當中有一套我們多年來不斷琢磨改進而成的慣例，幫助導演看到新的創意機會、但又不至於剝奪其控制權。和迪士尼合併後，我們發現可以將在皮克斯環境下運作得宜的實務操作移轉到另一邊，因此，舉例來說，現在迪士尼動畫這邊也有和皮克斯的「腦力信託」相當的做法，名為「故事信託」（story trust）。

　　我認為，建置這類要件以帶動創意合作，是我在皮克斯與迪士尼動畫能做的最重要工作。（很有可能，這句話對於任何仰賴穩定產出創意作品組織的經理人來說也適用。）我們的一切都仰賴創意產出的品質，秉持著務必讓彼此盡善盡美的精神而提出的坦誠回饋，永遠都可以提升品質。需要很多因素才能創造這樣的環境條件，其中最值得慎思的需求，或許要算是讓人們覺得安心，這樣他們才敢大聲講出難題並提出構想以解決難題。

　　不用多說，要營造出這樣的安全感，必須把焦點放在難題本身以及解決難題的需求上，而不是去強調是誰到目前為止無法解決難題或者是誰自願提供建議。但是，即便把所有焦點都放在難

題上——比方說，什麼因素能讓這個角色更吸引人？——針對進行中的工作提出任何建設性的批評或指教，至少都隱含著某種程度的不滿意或拒絕，而且真的會讓人很難受。對於擔任創意職務的員工來說，他們很難把自我價值感和其他人對於他們解決問題能力的看法分開。

而挑戰是，在這樣的社會動態下工作，人們通常覺得必須去證明什麼。他們不希望暴露出錯誤或不成熟的想法，因為擔心自己會因此受到嚴厲批判。而且，事實上也確實會這樣，對吧？如果有人在你面前說出一些蠢話，你通常會記住這件事；如果說蠢話的是你，你很可能會感受到別人的批判。某種程度上，你會把重點放在不要露出蠢相、要有些貢獻或是要顯得很聰明的樣子，你並沒有真的聚焦在需要解決的難題上面。

因此，對於要監督團隊工作的人來說，最好的辦法就是找出如何消除人們的認知風險，讓他們不再認為大聲把話說出口會害自己受批判。要怎樣創造出適宜的環境，讓人們嚴格評斷提出的概念、但又不會因為針對概念提供意見而批判彼此？要怎麼做才不會讓對方覺得構想不到位並不是針對他這個人？理性上，必須做到這些，才能讓構想根據其價值而勝出或落敗，但在感性上，這些條件又非常悖於常理。我要再說一次，多數人都很難把自我價值與構想被評判的價值劃分開來。

我就是在這樣的背景條件下，聽到海爾對於我公司同仁提問能力的批評指教。直覺上，我認為我們可能傾向於提出他喜歡稱之為「觸發性問題」的那類問題，這種問題挑戰了過去的假設，

同時創造出從新路徑追求解決方案的新能量，藉此打破障礙。若我想的是對的，那麼，部分理由可能是因為提問是很有效的方法，可以引進新思維、又不會讓一個人遭致批判。畢竟，問題不是一種意見宣告，不至於激進到擦槍走火；這是一種邀請，請眾人在不同的架構下或以分歧的思維來進一步思考。如果這樣的思維不被接受，或是無法導引出有價值的結論，也無損提問者的聲譽。因此，人們更有可能提出問題。

有趣的是，當有人拿起鏡子映照出你和你的組織時，會讓你有所體認，發現自己不曾用某個角度去想事情。我認為海爾說對了，在我同事們的創意合作中確實出現了某一類型的提問，如今我投注更多心力，明確關注這方面。

思考過問題在協作、創意工作中展現的力量之後，我要再提一點。我的同仁都知道，我向來不迷信組織使命宣言這種東西。我不反對利用這種東西來高舉集體的使命感；任何時候，當人們在正式組織裡一起工作時，確實應該深思自己為何要做這些工作。然而，我接觸到的使命宣言都是由高階主管團隊布達給組織，而它們代表的是討論的終點，實際上是阻止大家進行更深入的思考。

現在我比較清楚這些宣言為何會讓我覺得困擾：因為它們聽起來比較像是答案。我認為，更好的方式是提出使命問題，或者，至少要是比較曖昧不明的宣言，讓大家積極地去思考一個問題：「這到底是什麼意思？」

當我們以找到明智答案為目標來看待工作時，太常見的情

形是我們錯把答案當成努力的終點。我們慶祝自己來到了一個不需要再前進的點。但是，人生並不是這樣的。沒錯，我們在工作上努力通常是爲了做出一個可以拍板定案的結果，若以皮克斯爲例，這是指在某個時間點我們要推出電影，如果是波音（Boeing）的話，這指的是要交運飛機，對教授而言則是要把書寫完。這是很重要的頂峰點。然而，我認爲，對很多人來說，這種頂峰點卻變成了目標。

如果，我們看重答案是因爲答案可以帶領我們找到嶄新的、更好的問題，那會怎麼樣？換言之，如果我們不把問題當成得出答案的鑰匙，反而是將答案視爲找到下一個問題的踏腳石，那會怎樣？這讓我有了不同的心態，而這樣的心態可以帶領團隊的創意作爲走得更遠。

我對你的期望是，當你在讀這本書時，也能夠像我一樣從中得到這些價值：這本書能啓發你去思考，如何更特意運用問題來幫助你推動你試著解決的難題，無論那是什麼。以我來說，我早就知道我的職責是要營造適宜的環境，讓員工都能安心說出他們的想法和構思。你正在解決的問題可能和管理組織無關，可能是家庭問題、個人目標或社區考量，無論是什麼，你都能像我一樣，容許自己在思考難題時接受有益的挑戰，而你會發現，問題就是答案。

我為何要寫這本書？

在問題（*question*）一詞中，藏著一個美好的詞彙：追尋（*quest*）。我很愛這個字。

——作家、政治家、諾貝爾和平獎得主兼
猶太人大屠殺倖存者艾利·魏瑟爾（Elie Wiesel）

　　人之所以寫書，背後有一個很強烈的理由：你發現有些事真實又重要，需要詳詳細細地說明，也需要花上大把時間好好探索，但是你知道，多數人就是過日子，根本不知道這些事有多重要。我發現了幾件事：第一，如果你希望在工作與生活上找到比較好的答案，你就必須提出比較好的問題。第二，如果你希望提出比較好的問題，你不用屈從於僥倖，並且盼望它們自己送上門，你要積極為自己營造特殊條件，讓好問題源源不絕。第三，會問出好問題的人並非天賦異稟。人類天生本都有能力去詢問探究自己不知道的事，只不過，有些人選擇持續保有強烈的提問能力，他們在這方面就會表現得更好。

　　我怎麼知道真的是這樣？我做了該做的功課，這是我能提出的最有力保證。我檢視了相關的研究文獻，建構出我的假說，之後訪談幾百位深富創意的人，藉以實地驗證。此時此刻，根據找粗略的估計，我已經鑽研過約達三百萬字的文字紀錄，想辦法在

這些迷人、偶爾讓人低頭省思的對話中找到主題和模式。身為學者，我堅守求知之道，但同時也很清楚我想要和大家分享的這件事非常深奧，無法用任何標準研究流程說盡。

過去三十年來，我在三大洲幾所大學教書，現在，我在一個具備獨特條件的地方教書：這裡鼓勵每個人挑戰舊假說，找到不可能。麻省理工學院的校園，是一個提問源源不絕的地方。我的同事羅聞全（Andrew Lo）教授就說了，麻省理工學院「是一個安全的創新區域；我知道這聽起來很矛盾，因為創新的重點就在於承擔風險。麻省理工是一個非常健全且非比尋常的地方，學生覺得自己真的可以質疑世間普遍接受的知識智慧，也真的可以提出可能完全出乎意料或跳出框架的意見。」每天都能在這樣的氛圍下工作，讓人生氣勃發。這個地方的存在也是一種恆常的提醒，讓我們想起很多人錯過了什麼。

多數人都無法在這種為了提問而設置的條件下生活或工作。我們甚至沒多去思考過「問題」這回事，也沒想過如何透過多問和提出好問題來得出完全不同的答案。我們在人生之初都擁有豐富且充滿創意的好奇心，但之後卻慢慢失去了。我自己有很長一段時間也是這樣。我成長的家庭不太算得上是提問的安全區，如果誰提出顯而易見的問題、追問某些事背後的理由，會被當成絕對的叛逆。在此同時，我很早就發現某些問題可以保護我，只要重新導引大家的注意力，改為聚焦到感覺上比較安全的議題即可。我隱隱約約了解到某些問題蘊藏著比較大的力量。

日後就讀研究所時，我拜入邦納・里契（Bonner Ritchie）

門下，他具備非凡的能力，善於提出困難問題以激發他人盡力思考。我將他視為我的人生導師，因為他讓我開了眼界。在與他共度的時光中，我學到的遠超過從任何他人身上所學。他有條有理地以問題撬開我的理性與感性，讓我迎接新的可能性。只要我們停下來，發掘並珍視別人身上這種特質，就可以找到有能力這麼做的良師益友。

過去十年來，我將學者、顧問與教練角色的重點放在企業創新，研究新創公司與成熟產業大型組織裡提出新問題能引發哪些效應。二十七年前，我第一次和克雷頓・克里斯汀生（Clayton Christensen）進行討論（他是哈佛商學院的教授，最初以破壞性創新〔disruptive innovation〕理論而聲名大噪），我們著重於是什麼原因讓人們提出對的問題。我們自此之後的合作，讓我更重視問題在「突破」這件事上所發揮的力量。我們兩人都在彼得・杜拉克（Peter Drucker）的著作中找到啟發；五十多年前杜拉克就明白，改變你問的問題可以帶來極大的力量。「重要且困難的工作一向不是找到正確答案，」他寫道，「而是去找到正確的問題。用對的答案去回應錯的問題，就算不危險，也會很無用，少有什麼能與之相比。」後來我和克里斯汀生、傑夫・戴爾（Jeff Dyer）合作，一同找出組成「創新者DNA」的五項行為模式，其中第一項就是養成習慣提出更多問題。

很多接受我們訪談的創新企業家，都清楚記得當他們找到開創新事業的靈感時問的是什麼問題。比方說，麥可・戴爾（Michael Dell）告訴我們，他創辦戴爾電腦（Dell Computer）

的構想，就來自於他問為何一部電腦的成本要比零件加起來貴五倍？「我把電腦拆開……看到的是價值六百美元的零件以三千美元出售。」就因為他心中有著「為什麼售價要這麼高？」的問題，才想出一套商業模式，讓戴爾成為業界一股強大力量。我們也從其他人口中聽到他們長久以來都慣於挑戰假設和傳統。「我的學習歷程向來是不認同人家告訴我的事，而且還跳入相反的立場，我更會敦促他人要確實為自身說法找到理據。」eBay 拍賣網站的創辦人皮埃爾‧歐米迪亞（Pierre Omidyar）對我們這麼說：「我還記得，以前我這麼做時，其他小孩會很氣餒。」創新企業家樂於想像情況可以如何不同。他們會自問或問其他人，有哪些今天被視為理所當然的事物不應該就這麼想當然爾或盲目接受，這是觸發原創思考的最好方法。

多年來，我重視的，不僅是關乎企業創新與組織變革的改變觀點提問。問題有一種引人好奇的力量，在我們生活中每個面向開啟了新觀點與正面的行為變革。無論人們正在為了什麼而苦苦掙扎，問題都能讓人茅塞頓開，並打開前進的新方向。不管是什麼樣的場景，重新建構的問題都有一些基本的共同之處。其一，這些問題都有著矛盾特質：提出的當下讓人很錯愕、日後回顧起來卻理所當然。換言之，這當中有一種必然性，卻讓人完全看不出來。另一方面，這些問題都很有創造性，能開拓出空間，讓人們盡力思考。問題不會將任何人拉到鎂光燈下、要一個人在可能遭受公開羞辱的威脅下答出通常事先已經決定好的標準答案，而是提出一些承諾來解決人們掛念的問題，邀請人們走上有趣的新

思維路線。我常使用「觸媒」（catalytic）一詞來形容這類問題，因為它們就像是化學反應過程中的觸媒一樣：這類問題可以打破思考的界限，將能量貫通到更有益的路線上。

　　即使在個人面，我也發現提出正確的問題至關重要；有時候，了悟來自於沒問對問題而陷入的麻煩。舉例來說，二〇一四年一月時，我在發表演說之時心臟病發。之後，出於一些比較深層的理由，我才接受了一件事：是我選擇對自己的健康狀態做出便宜行事的假設，而這麼做幾乎要了我的命。一年後，到了二〇一五年春天，我有機會和我的朋友——知名登山家、探險領隊兼電影攝影師大衛‧布理謝斯（David Breashears）同行（他共同執導並拍攝了 IMAX 電影《聖母峰》〔Everest〕），來到聖母峰基地營區，並攀爬進入昆布冰瀑（Khumbu Icefall）。我們先想好對這趟冒險的看法、認為這對於研究領導學來說是一道好題目，之後才踏上旅程。每年都有很多探險隊設法攀上這座高山，使得本活動成為一項控制得當的實驗：每一支隊伍都使用相似的裝備，並遵循已知的路線，但是，有些隊伍能成功，有些則鎩羽而歸。成功隊伍中的領導者有什麼重要的過人之處嗎？他們是否在身邊也培養出各個不同的系統？但在此同時，就我對本次旅程的規劃而言，我並沒有把太多重心放在一個極根本的問題上：以我這個平時都在平地生活的人來說，當我在海拔一萬八千英尺處健行時還可能仍有生產力嗎？

　　雪上加霜的是，找後來發現就連我的研究方法當中，都嵌入了我從沒想過要去質疑的假設。布里謝斯爬山多年，看過不少人

圖 1-1 在讓人精疲力竭的攀登卡拉帕塔峰（Kala Patthar）途中拍攝（海拔 18,519 英尺）聖母峰（右方第二座山峰）下的日出。

圖 1-2 我和雪巴人安‧佛拉（Ang Phula Sherpa）在昆布冰瀑暫歇，後方壯麗的 普莫里峰（Pumori）海拔 23,494 英尺。攝影師為大衛‧布里謝斯。

圖 1-3　我（右二）一步一腳印攀上昆布冰瀑，雪巴人安‧佛拉（最右邊）總在我附近。攝影師為大衛‧布里謝斯。

圖 1-4　在昆布冰瀑折返途中，聖母峰基地營區（海拔 17,598 英尺）在我們肩頭下方綿延（右方為雪巴人安‧佛拉）。攝影師為大衛‧布里謝斯。

試圖攀登聖母峰卻失敗了，某些甚至以悲劇收場。一九九六年幾椿悲劇事件導致八人喪生，之後強·克拉庫爾（Jon Krakauer）在一九九七年的著作《聖母峰之死》（*Into Thin Air*）中詳加描述，事發當時布里謝斯也在場。每次我在聽他說故事時，總是以領導學學者的模式去聽，不帶情感建構假說，比方說，認為問題在於決策過程中的認知偏見。當我從盧克拉鎮（Lukla）前往基地營區時，我才體會到在企業管理碩士課程教室裡談不當決策，分析登山客羅伯·霍爾（Rob Hall）在早過了「安全時間」時，還讓一個脫隊的客人登頂是致命的選擇，這是一回事；實際站上連呼吸或思考都是一大挑戰的高度，又是另一回事。我發現，我認為自己握有足夠做出判斷的資訊，真是錯得離譜。

如果你是因為嗜讀商業書籍而挑選本書，請注意本書的敘事手法會和其他同類書籍不太相同。這一點應該已經很明顯了。領導與組織創新的議題讓我著迷，本書的訪談內容有很多來自各執行長和高階主管，他們任職於就我所知創新程度最高的公司和社會企業。但我也和這些領導者全面地談，因為完整的人生遠遠不只是位高權重的工作。我看到的事實（亦即，想要找到更好的答案，辦法就是提出新問題），適用的範圍不僅是單一面向而已。

想一想自己的人生，回憶當你問對問題而導引出解決方案、解開你糾結多時難題的時刻。我的中心問題是：你的內心以及周遭環境具備了哪些條件（或者力量），才引發了這種情況？有沒有某些環境因素能幫助你建構出最佳的問題，或者說，你是否感受到是因為某些條件導致你問不出好問題？本書匯聚了幾百條

極具創意的答案，要來回答這些問題。我期望，這本書也能讓你更重視問題的重要性、把好問題當作一般而言開啟變革的觸媒，並讓你更有能力自省、去思考如何提出這類問題。

最後要提的是，我以第一人稱寫作本書。如果你讀過梭羅（Henry David Thoreau）的《湖濱散記》（*Walden*），可能記得他在第一頁就因爲同樣的理由而道歉。「在多數的書裡，我，或者說第一人稱，都遭刪除讓人無法得見；本書則會保留下來……」他對讀者這麼說：「我們通常不記得，說到底，說話的永遠是第一人稱。如果我能像了解自己一樣了解其他人，就不會這樣高談闊論自己……」之後他話鋒一轉，把溫和捍衛保有自我之聲變成對他人的要求：「此外，以我來說，我要求每一位作家，無論是早是晚，都要簡單且誠心地述說自己的人生，而不只是寫出他所聽聞的他人故事……」他期望每一位作家都可以爲他「寫下一些文字，就像他們從遠方寄給親人的書信那般……」

我很珍惜許多我鍾愛的書裡傳達的眞實聲音，其中有些關於提問的好書，例如帕克・巴默爾（Parker Palmer）的《與自己對話》（*Let Your Life Speak*）和《隱藏的整全》（*A Hidden Wholeness*）、崔拉・夏普（Twyla Tharp）的《創意是一種習慣》（*Creative Habit*）、維克多・法蘭克（Victor Frankl）的《活出意義來》（*Man's Search for Meaning*）、瑪莉・凱瑟琳・貝特森（Mary Catherine Bateson）的《大視野》（*Peripheral Visions*）、約翰・史坦貝克（John Steinbeck）的《伊甸園東》（*East of Eden*）以及唐・米勒（Donald Miller）的《把人生變動詞：用

行為改寫你的生命故事 》（ *A Million Miles in a Thousand Years* ）等等。（關於最後這本書，源頭是有一部電影要拍攝這位作家的生平，結果引發他去質疑自己的人生故事，從而把人生變得更美好。）畢卡索曾說過：「人只會用一種方法看事物，直到有人讓我們理解如何透過不同的眼光去看。」上述作者全給了我看事物的新方法，而我的眼光也因此不同。

我不想用一種脫離現實的「專家說法」來寫後面的章節，我想成為前文所說的親人：寫出我在生活中各個面向因為種種重大困境的掙扎，以及我如何提出艱難的問題，讓我的思考、情緒和行動都走上全新道路，從而克服這些難關。

CHAPTER 01

比找到新答案更困難的是什麼？

重要且困難的工作一向不是去找到正確答案，

而是找到正確的問題。

——彼得・杜拉克

　　二〇一七年六月，上海一處新開放的活動空間迎來第一批訪客，這些人快速沉浸在他們從未體驗過的情境氛圍中。他們先坐下來完整欣賞一場結合了音樂與詩歌的音樂會，接著，他們去一個建築尺寸如實物大小的展示區裡逛逛，裡面有一些市鎮裡的尋常風景：一座有池塘的公園，池子裡還可划船；一處戶外市場，設有兒童遊樂區；另外還有一間咖啡廳，坐滿了閒聊的顧客。你覺得這沒什麼大不了的，對吧？重點在這裡：他們是在一片漆黑當中體驗這一切。他們東絆西倒，他們撞上東西。他們大笑，但同時也很困惑。誰都沒辦法好好完成這趟旅程，只能仰賴專業且機敏的導覽員，而這些人當然都是盲人。

　　這場活動名為「黑暗中對話」（Dialogue in the Dark），是

安德烈‧海勒奇（Andreas Heinecke）的精心傑作，一九八九年時他在德國法蘭克福打造出第一個場景。如今，他所創辦的社會企業在幾十國營運，一方面為盲人創造就業機會，一方面也讓明眼人了解盲人如何過生活。千百萬訪客都去體驗過，對很多人來說，這是引發人生改變的重要時刻。

這一切都從一個問題開始，精準來說，是一個經過重新建構的問題。三十多年前海勒奇任職於一家電台，他從一位經理口中得知，有一位前員工即將再度回鍋。這位男士出了一場嚴重車禍，他受了傷，因此眼盲，但是他希望能再度就業。電台請海勒奇協助這位同事，讓他重新回歸職場。這是一項極具挑戰性的任務，因為海勒奇全無協助這類人士的經驗，但是，他馬上開始想辦法解決問題，讓有這類殘疾的人也能做一些合乎職場標準的工作。直到他深入理解同事之後，他才發現自己之前問的問題太過簡化了。他把問題轉了個彎，變得更正面：什麼樣的工作場合能讓盲人發揮他們的相對優勢？「黑暗中對話」這個想法就這樣竄入他心裡，點出一條路，成為他的終生志業。

我在本書中要說的是，很多重大的進步就是這麼來的。人們用後來證明可發揮觸發作用的方式重新建構了問題，這類問題消除了思考的障礙，不再受限於過去的假設，並把充滿創意的能量導入更有益的管道。一直覺得被困住的人，忽然之間從中看到了新的可能性，受到激勵而開始努力。

之後的幾章，要談的是這樣的洞見如何能讓你用不同的方式去經營工作與人生。如果要靠提出更好的問題才能找到更好的

答案，那會如何？你要怎麼樣才能做到這一點？我們將會看到很多深富創意的人在各種情境下奮鬥，並理解營造特殊條件、使得我們比較容易聽到並注意到可用於切入問題的新角度，是有可能的。養成習慣，先停下來重探問題、別急著提出答案，也是有可能的。然而，在探索這些方法之前，本章還有功課要做：先說服你付出這些努力是值得的。你要先能識別某些類型提問當中蘊藏的力量，並避開陷阱、不要悶著頭去解決以老套方式呈現的難題。

 ## 每一次突破的背後都有一個更好的問題

追溯任何創意性突破的原創故事，我們很可能會發現轉捩點就是有人改問不同的問題之時。身為一個長期研究創新的人，我不斷看到這一點；這方面的故事說也說不完。舉例來說，來看看快照的原創發明。攝影術比柯達（Kodak）創辦人喬治·伊士曼（George Eastman）更早出現在世界上，一八五四年出生的他，很年輕時就對攝影感到興趣。二十四歲那年他做足準備，要去闖蕩各國，此時他發現要隨身攜帶精密又昂貴的攝影設備是一項大工程。就速度和品質來說，捕捉攝影畫面的技術多年來穩定進步，但是一般認為攝影是一項專業人士、或至少是認真且富有的熱情愛好者才能從事的活動，這樣的假設仍存在。伊士曼在想：能不能把攝影變得不那麼麻煩，讓一般人更容易享受其中？

這個問題聽來夠大有可為，激勵伊士曼投入研究；這個問題

也夠讓人熱血沸騰，讓他得以邀集他人協助。二十六歲之前，他已經創辦了一家公司，八年後（一八八八年），柯達的第一部相機問世。這部相機不僅用新式的乾底片科技取代了濕式乳膠版，更是當今經理人所說的「商業模式創新」。從此顧客不用再具備沖洗底片的技能與裝備，反之，每當拍完一捲百張照片的底片之後，把這部小巧的相機送到公司沖洗就可以了。柯達相機大為風行，但是問題仍在。到了一九○○年，伊士曼和同事們又推出了「布朗尼」（Brownie），這台要價一美元的相機非常簡單，連小孩都能操作，而且非常耐用，士兵帶上戰場也不是問題。

　　如今當我身處麻省理工學院這隨處可見創新者的忙碌蜂巢，我看到很多人想到、提出帶有同樣力量的問題，讓想像力活躍起來，也讓其他聰明人願意付出心力。此時我要先提一個人：傑夫‧卡普（Jeff Karp）。他是一位生物工程學家，負責管理一間專研仿生學（biomimicry）的實驗室。如果這個詞對你來說很陌生，且聽我建議，理解這門學問最好的方式是問以下這個問題：「大自然如何解決問題？」假設我們的討論主題是要做出一種在潮濕部位仍能牢牢貼住的繃帶，比方說用在剛剛進行過手術的心臟、膀胱或肺部。在這種情況下，我們可以從蛞蝓、蝸牛和沙堡蠕蟲（sandcastle worm）身上學到什麼？過去從沒人問過這個問題並不奇怪，然而，一旦有人提問之後，卡普實驗室裡的科學家就快速推展，最後推出一種如今廣泛使用的產品。卡普就說了，大自然會替試著向它提問的人提供「五花八門的解決方案」。「透過探索大自然以尋找新構想，」他解釋，「你能挖掘出許

多觀點，如果只留在實驗室裡將會錯失這些。」

有時候，光是提出不同的問題，就能馬上得到洞見，出現嶄新的解決方案，讓人不禁拍著自己的額頭，原來答案根本很明顯。[1]（我可以想像，早期的雜誌從業人員一定問過：「爲什麼我們不能向訂戶收取極低的費用然後賺廣告錢？」或者，從比較近期來說，也必定有人問：「如果我們不再譴責酗酒、認爲這是一種道德上的失敗，而是當成一種疾病來治療，那會怎樣？」）這就好像新的答案就嵌在問題當中，只要問對了問題，基本上就能得到答案。更常見的情況是，找答案需要時間，但是，建構問題會讓人得以踏上追尋之路。就像伊士曼或卡普的提問一樣，帶著觸發性質的探詢開拓了空間，容納了新的思維，也召來了協助，而且通常是在其他領域受過訓練的人拔刀相助，也爲這項工作增添了新的愛好者。

同樣很重要、也該一提的是，當我在談問題中蘊藏的力量時（亦即，問題能揭開新機並帶來突破性的構想）多半強調正面之處，但是，問題也具備可以協助人們面對負面威脅的強大力量。有一個方法可以思考好問題的用處，那就是要知道有一些「你不知道自己不知道的事」帶有固有危險。設想一個簡單的圖示：用一個二乘二的矩陣來描述你對某個情境的理解。用一個軸代表兩種狀況：你的成敗取決於眾多因素，有些你很清楚，有些你不知道。另一個軸則代表你有多清楚自己需要哪些資訊知識、又有哪些不足之處，這是指，你可能知道、也可能个知道你需要某些資訊才能解決問題。這也就是說，你**知道**自己並不知道

某些事，比方說，如果你是將軍，你知道敵方有軍火庫，但你不確定位置在哪裡。你知道自己並不知道這一點。但，更麻煩的是，有些事你**不知道**自己並不知道。有些事你甚至連想都沒想過，更遑論要問。

　　布希政府曾懷疑伊拉克的武器發展情況，在一次知名的討論中美國前國防部長唐納・倫斯斐（Donald Rumsfeld）就引用了這套架構，並指出「你不知道自己不知道的事」通常會造成嚴重潰敗。商業策略專家也認同，認為摧毀企業的破壞因素通常就在這裡冒出頭。我們可以回頭看看柯達，這便是一個經典範例。享有百年成功之後，這家企業遭受重創，起因便是他們不知道自己不知道的事：他們需要快速重新打磨與進行組織再造，以便因應顧客忽然且大規模地轉向數位攝影。或者，來看看較近期的範例，想一想計程車業，這一行「你不知道你不知道的事」，是成千上萬的一般用車車主透過優步（Uber）與來福車（Lyft）等服務成為司機，因而造成衝擊。五年前小黃車行（Yellow Cab）管理階層開會時有提過這類問題嗎？如果有的話，結果則證明他們沒放在心上。（小黃車行是舊金山規模最大的傳統計程車行，二〇一六年一月時申請破產保護。）

　　你可能會說，這樣的發展應該是可以預知的；誰能反駁這一點呢？畢竟，引發徹底變革的破壞性創新者就預見了。但是，對於忙著用舊有模式經營企業的人來說，要得到同樣的洞見，必須跨入讓人不安的領域：離開他們尋常的工作領域（在這裡，他們知道自己並不知道所有答案）、邁入他們連適當問題都提不

出來的地方。

因此，我主張，在面對正面機會與負面威脅時，如果一個人能重新斟酌自己的問題，然後提出更好的問題，會得到比較好的答案。實際上，我要推動這樣的想法，變成一項更大膽的宣言：**少了更好的問題，就不可能有顯然更好的解決方案。不換個問題，你就只能在同一條路上努力循序漸進，無法有重大突破。**

 ## 著重提問技巧大有益處

突破性的解決方案源自提出更好的問題，在理論上是必然的：藉由提出更好的問題，找到更佳解答的機會就能提高。來談談你不知道自己不知道的事：你在此之前是否想過，有些人比較善於提問，而這是一種可以靠學習來培養的技能？如果你認同你應該刻意把這樣的能力擴大到自己甚至身邊的人身上，你有沒有想過應該怎麼做？

現在你有了這個想法，我猜你也會開始注意到，極富創意的人常常提到這種能力，而且他們總是具備這樣的能力。比方說，如果你現在去讀一篇特斯拉（Tesla）和太空探索技術公司（SpaceX）創辦人伊隆‧馬斯克（Elon Musk）的訪談內容，可能會在他說到「很多時候問題比答案難找。如果你可以適當地說出問題，答案就比較簡單」[2]時停下來。在你讀哈佛心理學家艾倫‧蘭格（Ellen Langer）的部落格時（她是「用心」

〔mindfulness〕概念的先驅），你可能會更專心閱讀其中一篇貼文，開頭是這樣寫的：「除了看《危險邊緣》（*Jeopardy*）益智節目與玩『二十問』（20 Questions）遊戲之外，我們通常比較在乎答案而不是問題。但，是問題導引我們搜尋資訊的方向，而且完全決定了答案。」[3] 捲動螢幕、讀取你的推特饋送內容，你很可能會轉推破壞性理論專家克里斯汀生的觀察：「問題在你心中的位置，也就是答案所在的位置。如果你無法提出問題，就沒有地方放答案。」你很可能忽然間看出畢卡索名言背後對問題的重視：「電腦無用武之地；電腦只能給你答案。」你很可能開始四處看到人們追求更好的問題。

　　《快公司》（*Fast Company*）雜誌先前報導了一位極富創意的工程師克里斯・金泰爾（Chris Gentile）的工作態度。他現在是埃博（iBoard）的總裁兼執行長，他的成就之一，是想出辦法將立體投影（hologram）整合到大量生產的玩具當中。他也是其他虛擬實境創新背後的推手，比方說 3D 網路繪圖（3-D Web graphics）以及遊戲裝置。撰寫報導的記者說，當金泰爾接觸到這些了不起的成就時，他覺得自己像是「正要攀上寶山的小和尚」。而他也沒有空手而回：金泰爾為任何想要發想出突破性構想的人提供了四大建議。第一條是什麼？「換個問題。」記者敘述了金泰爾給的簡單範例如下：

　　曾有一些研究人員請金泰爾幫助他們想辦法，看看怎樣才能把他們正在開發的機器人商業化。當金泰爾走進他們的實驗室

時，這群人熱情地帶他走到機器人身邊，看著機器人揮動雙手，全力模仿人的動作。但是實驗室裡有幾部電腦的螢幕讓金泰爾分了心，他看到螢幕上有一些簡筆線條人形圖，描述機器人流暢的動作。他問：「這是什麼？」後來才知道這些研究人員開發出一套軟體，用以判讀與描繪機器人的動作。金泰爾的眼睛一亮，他說：「別管機器人了！」他把「如何將機器人商業化」這個問題變成「如何把這套軟體商業化」，而這個想法導引出新型態，讓電玩與電影的動畫更貼近真實。[4]

　　這些人敦促大家把更多的注意力放在問題上，這項建議本身就挑戰了很多人根深蒂固的假設。我們多半相信創意構想的靈感像閃電一樣說來就來（就是所謂會讓人大喊「就是這個！」的時刻），無法招之即來、揮之即去。更讓人無力的是，我們會告訴自己，要有特別的腦袋（如愛因斯坦等級），才能像避雷針一樣接收這種天啟。事實是，除了被動等待與祈求之外，我們還有很多可以做的。我們必須做更多。

　　如果說目前沒有任何人開始研究培養提問能力這個概念，我就怠忽職守了。相關工作已經進行了幾十年，無須意外的是，一開始起頭的是教育界。舉例來說，你可能聽過「布魯姆分類學」（Bloom's taxonomy）；這套方法以學生因應問題或難題挑戰的認知能力高下為根據，分成六個不同等級，從能辨識或回想資訊這類最基本的知識應用，到有能力進行分析、綜合與評估等更加複雜的流程。發明人班哲明‧布魯姆（Benjamin Bloom）是

一位教育心理學家，一九五六年時發表這套分類法，距今已逾六十年，自此之後，很多教育理論學家都在探討更好的問題如何觸發更高的認知能力。近幾十年來，其他領域的專家也把注意力轉向課堂之外的場景。若以職場環境為例，我在麻省理工的同事艾德格·夏恩（Edgar Schein）便力促領導者投身於「謙遜提問」（humble inquiry），他對此的定義是「這是一種導引對方的精緻藝術，提出你還不知道答案的問題，藉由展現出對他人的好奇與興趣來培養關係。」[5]

持續努力的成果是，即便還無法寫出明確的經典工具書來闡述如何提出好問題，我們仍然得出很多想法與實務做法，而且在各種不同情況下都已經證明有效。更廣泛來說，這方面的研究提升了世人對一個基本概念的認知程度，更意識到提問是一種技能與能力，可以藉由刻意的練習琢磨精進。理解問題蘊藏的力量並強調人們應該更精通提問，提供了一個重要選項。你可以開始問：我今天、明天、後天要去做哪些事，好讓更好的問題進入我的工作與我的世界？

 ## 問題不見得都好

有一個主題貫通所有鑽研提問的研究人員所做的研究，那就是並非所有問題都平等。培養提問的能力不光是多問（不管是自問或詢問他人）就好。問題有不同的**種類**，有些能啟迪人心，

有些有教育意義，有些根本有毒。

布魯姆分類學是其中一種思考問題性質差異的方法：人在解決不同的問題時要用到不同的心智處理能力。舉例來說，比較複雜的解決問題過程就需要比較複雜的認知能力，高過單純的回溯記憶事實。遵循類似的思維，羅伯・佩特（Robert Pate）和納維爾・布萊梅（Neville Bremer）提出另一種方法將問題分門別類：有些問題會收斂，有些則很發散。收斂性的問題會探尋一個單一的正確答案，這是教育場域裡教師早已熟知的問題類型。這些「封閉式」問題，例如：「夏威夷的均溫是幾度？」，測試的是一個人是否具備相關的知識與能力以得出一個合乎邏輯的答案。發散型的問題則歡迎多個答案，比方說：「社會應如何因應氣候變遷？」，這類「開放型」問題要的是更有創意的思維。[6]

「開放式」雖然聽起來比「封閉式」更好，「複雜認知」聽起來也比「簡單認知」更聰明，但其實分類本身並不涉及任何內在價值判斷。分類法背後的理論專家強調不同的問題自有其適合的場合，一切都要取決於目的是否適當。但，且讓我們先在心裡訂下一個目標：揭開「我們不知道自己不知道的事」，藉此獲得新的觀點見解。或者，讓我們大膽宣告：我們相信，大致來說，這個世界需要更多人投身於達成這個目的。若是這樣，我們便是作出了價值判斷：最好的問題，便是能激發想像力並刺激正面變革的問題。

在此同時，用不同的精神提問也會決定問題的好與壞。我們以蘋果公司（Apple）設計長強尼・艾夫（Jony Ive）說他的前任

老闆史帝夫・賈伯斯（Steve Jobs）「幾乎每天」都拿來問他的問題為例。艾夫早就注意到賈伯斯能夠極精準地聚焦在特定工作上，他的專注力能讓那些工作產生最大的差異。有一天，艾夫對賈伯斯說很佩服他這一點，並坦承他本人在這方面有困難。顯然，這成為賈伯斯後來決定列為優先要解決的人力發展問題之一。艾夫說，在他們的日常交流中，賈伯斯「會試著幫助我提升我的聚焦能力，他會問我：『你今天說了幾次**不要**？』」[7]

　　這個問題本身就很棒，因為問題強力迫使當事人改變觀點：改寫挑戰，把聚焦的定義從「想辦法全心投入某些任務」變成「拒絕分心」。這不難想像，當賈伯斯日復一日問同樣的問題，很可能會讓人開始覺得是一種虐待。但艾夫不覺得，因為賈伯斯是真心誠意想幫忙。相同的問題出自不同的人口中，表達的可能是關心，也可能是打擊。我認為，最好的問題（也是本書聚焦的問題）是有催化作用的問題，也就是說，這些問題能消除障礙（以概念發想來說，障礙通常都是以錯誤假設的形式出現），並將能量引導到嶄新的、更有益的路徑上去。且讓我們逐一檢視這每一種強而有力的特質。

 好問題能打破假設

　　有些問題可以打破高牆，讓解決問題的人不再受限，破除原本想法當中的一項或多項「既定條件」，開拓出之前被封住的

探詢空間。我們通常把這樣的做法稱爲「重構」（reframing）。

婷娜・希莉格（Tina Seelig）是史丹佛大學的教授，她寫了很多與創意及創新相關的內容，並大力支持重構。她是這麼說的：「問題就是一種架構，答案必須落入架構內。而……當你改變架構，就大幅改變了可能解決方案的範疇。」希莉格引用了一個爲人津津樂道的愛因斯坦故事，故事裡的愛因斯坦說：「如果我有一個小時去解決攸關我人生的問題，我會把前五十五分鐘花在判定要問的正確問題是什麼，一旦知道正確的問題之後，不到五分鐘我就能解決問題。」希莉格指出，重構的方法之一，就是去想另一個和你不同的人，並試著採用他們對於這種情境會產生的觀點。一個孩子對於事物的詮釋會不會和身爲成人的你不同？或者，用外地人與當地人相比，前者會不會一開始就從另一套完全不同的假設出發？[8]

字母公司（Alphabet）是 Google 的母公司，在這家公司裡，有一個以「登月工廠」[①]（moonshot factory）的心態在運作的實體，試著針對重大問題提出高瞻遠矚的大膽解決方案。這家公司的名稱很簡單，只有一個字母「X」，就像公司一位經理菲爾・瓦森（Phil Watson）說的，X 公司樂於接下「存在已久、傷害世界的問題」，在新的科技能力條件下用更好的方式去解決。舉例來說，交通就是這類問題之一，因此，字母公司的無人車開發

NOTES

① 譯注：「登月」意指大膽而艱困的任務。

行動便始於 X 公司，之後才蛻變成字母公司旗下一家獨立的公司衛莫（Waymo）。倫恩（Loon）的發展過程亦同，這家公司的起步點是 X 公司裡的「倫恩專案」（Project Loon），利用飄在平流層的氣球將網路節點掛在空中，藉此讓地球上最偏遠的角落也能連上網路。一如過往，這項任務一開始先正確描繪出問題所在之處，之後才著手打造解決方案。瓦森告訴我，團隊的領導人阿斯卓·特勒（Astro Teller）不斷提醒大家「要從問題最困難的部分開始」，這當然指的是要設法問出該問的問題，因為一開始要去想像任何尚不存在的解決方案，很難知道會在哪裡碰上難題。

然而，X 公司員工學到的，是體認到人傾向於一開始挖掘最輕鬆的部分然後有些進展，因此，點出這種傾向並反其道而行，將有所幫助。「X 人」拿一個很戲謔的範例來說明：如果預想的畫面是要讓一隻猴子坐在旗杆頂端吟誦莎士比亞，一般的團隊會直接動手打造旗杆，頂部要有一個完美平衡的平台；這是他們知道能解決的部分問題，解決問題的過程會讓人覺得積蓄了動能。但大家都知道，難的是要怎樣教會猴子吟誦；如果到頭來證明這是一件不可能辦到的事，花在解決其他部分的時間都會變成浪費。為了讓自己聚焦在心力與精力應該投入的地方，X 公司的員工有時候會在團隊通訊當中加上標籤：＃猴子第一（#monkeyfirst）。

認知心理學家知道，人們樂於妥協套入簡便的思考模式，多半抗拒打破窠臼，要一直等到被框架阻撓限制到忍無可忍為

止，是有其深層原因的。此外，在社交群體中，這樣的傾向還會加乘。社會學家阿米太・阿齊厄尼（Amitai Etzioni）找到強而有力的證據：人們的社交認同與人格主要由自身的社群關係塑造而成。他觀察到，我們多半緊抱著「穩定知識」（stable knowledge）不放，比較不願意任「轉型知識」（transforming knowledge）挑戰系統中的基本假設。當我們努力產生穩定知識時，因應的都是當中的次級假設，被視爲理所當然的大架構仍不動如山。對多數人來說，大部分時候，要質疑知識系統的架構太費事了。就像阿齊厄尼說的：「一旦達成共識，形成某個基本的世界觀點、自我觀點、對他人的觀點或是策略上的信條，（決策者）要扭轉這些假設，在政治上、經濟上與心理上都要付出昂貴代價……因此，這些基本觀點多半成爲禁忌假設，限制特定知識必須在這些假設桎梏之下產生。」[9]現狀也就繼續昂首闊步。

要突破這些抗拒重構的高牆，提問是最有效的方法。問題會以一種嘗試性、無攻擊性的方式讓禁忌領域出現裂口，鼓勵我們（包括個人與集體社會）重新檢視已經形成的基本假設。馬斯克最喜歡用「第一原理思維」（first-principles thinking）來描述這種情況。他的電動車廠特斯拉幾年前在《富比士》（Forbes）雜誌最創新企業排行榜上名列前茅，我們編纂這份年度排行榜的團隊訪談他，聊一聊他從新角度對付重大問題的祕訣何在。

馬斯克解釋，第一原理思維會打破所有被視爲理所當然、實則不應如此的事物，打破砂鍋直到無可爭議的最根本事實爲止。然後再從那裡反過來追溯。馬斯克爲我們舉了一個範例，就在特

斯拉要一較高下的汽車世界裡。為什麼特斯拉要輕易接受用五百美元買一個輕量鋁輪圈？他反而會說：「嗯，這看來很奇怪，鑄鋁的價錢一磅重不過兩美元，一個輪圈二十五磅重，成本應該是五十美元。好吧，就算要加上一些加工成本，那就讓我們把價格加倍，變成一百美元。一個輪圈的成本不應該是五百美元。」馬斯克很清楚，一般人多半不會大力抗拒擺在眼前的實際情況，他們「比較可能會說：『嗯，我們看過其他廠商的輪圈成本，他們支付的價格介於三百到六百美元之譜，因此，我們認為五百美元這個價格不算太離譜。』但是，這只代表大家也都被剝削了！」他總結道，所謂利用第一原理分析問題，「是你努力打破砂鍋問到底，直逼特定領域的最基本事實，你要問的問題是：『我們能**確定**確實為真的是什麼？』你非常確定的東西就是基本事實，是你論證中的要項，然後再把這些套用到你的理據上。」

　　這個範例指出，重構幾乎永遠都能「建構出更大的架構」，因為重構能開啟之前某種程度上被封住的探索詢問空間。我的同事克里斯汀生建議企業內部的創新者聚焦，專注於他們所生產的產品與服務「必須完成的任務」上，也是在做類似的事。[10] 比方說，如果一家企業生產汽車，就不應該落入陷阱去問：「怎麼做才能讓我們的車子更好？」，反而應該從大局來看，謹記車子不過是顧客「借用」來完成任務的解決方案而已，也就是載運顧客到需要去的地方。從「我們要如何做才能用更好的方式載運顧客」來思考，如果公司採用這種架構從事產品創新，格局一時之間就大了不少。

好問題能讓人投入並充滿能量

麥爾坎・葛拉威爾（Malcolm Gladwell）這位當今大師精通激勵人心的言論，或者說他擅長的是二十一世紀所說的「敘事性非小說」（narrative nonfiction）。他在自己的暢銷書《異數：超凡與平凡的界線在哪裡？》（*Outliers: The Story of Success*）開宗明義，邀請大家和他一起踏上發現之旅：

> 我們向來對成功人士會提出的問題是什麼？我們想要知道他們是什麼**模樣**：他們具備哪些人格特質、他們有多聰明、他們過著怎樣的生活，或是他們天生擁有哪些特殊才華。我們假設，這些個人特質就能解釋為何某個人能成為人中龍鳳。
>
> 在《異數》這本書裡，我想要說服各位，這些個人面的成功解釋因素並沒有用……換句話說，光是問成功的人是什麼模樣，還不夠。只有去問他們來自**何處**，我們才能揭開成功者與無法成功者背後的道理。[11]

請注意，很重要的是，葛拉威爾在書裡一開始就說：「讓我們重構這個問題」。他會這麼做，是因為這樣一來馬上就可以抓住讀者的注意力。他對讀者說，他們向來都以同樣的方式去檢視自己在乎的主題，但其實應該透過不同的方式來看。他知道他們的反應會是：「喔，酷喔，這應該很有趣，我會樂於在這個領

域裡探索一段時間。」這是我鼓勵大家多問的那類問題會有的第二種特質。這類問題能激發對方、讓他們進行創意思考。它們會釋放能量，導入可能提供新解決方案的新路徑。

偉大的洞見本身並無用，唯當將洞見轉化為現實時，洞見才能展現改變世界的力量。要將洞見轉化成影響力，幾乎勢必要耗費苦心。不管是以時間還是個人技能組合來說，這通常不是一個人能辦到的。要做大事，代表著要徵求與激勵其他人起身投入志業，就算是改變和個人自身有關的大事，也是一樣。

舉例來說，紐澤西州有一群父母，當他們覺得卡住了、找不到解答時，就必須邀集他人一起投身於一項志業。這群人的小孩患有程度不一的自閉症障礙，因此很難獨立行動，而孩子們又已經到了要脫離當地學校系統提供方案的年紀。二〇〇〇年時，這一群處境相似的家長開始組成非正式的家長會，每個人出一點錢，為孩子提供各式各樣的休閒活動。當這些父母更深入了解彼此之後，他們不斷談到心中最大的憂慮：「有一天我們不在了，孩子會怎麼樣？」有一天，出現了有益的改變。「隨著孩子年紀漸長，」他們現在這麼說，「我們看出必須有所行動，我們所做的第一件事是重構問題。」這一群人開始自問：「我們要如何確定孩子在今天以及未來都能過著有目標的人生？」[12]

從某個層面來說，這只是換句話說而已，但第一個問題會讓人陷入無助的憂懼，第二個問題則會激發出有益的行動，這不是很明顯嗎？新的問題讓父母充滿力量，更讓他們有了分享構想的焦點，同時也有了基本根據去徵求他人提供必要的協助，比方說

臨床心理學家與非營利機構的顧問。如今，他們合力創建的探索自閉症基金會（Quest Autism Foundation）提供各式各樣的服務，是州政府核可的成人日間照護方案「實際生活選項供應商」（Real Life Choices provider），而且，在一項募資活動的支持下，基金會得以將原本分設兩地的場所整合爲自有的安養院。

探索自閉症基金會一開始是提出**問題**，而不是用宣誓聲明來分享想法或訂出激發人心的願景。這眞的有幫助嗎？我認爲是，原因如下：當問題被視爲提問者眞心希望獲得協助而發出的探詢時，便能獲得他人用有創意的方式付出實質貢獻，而不只是尋求他們支持而已。多數時候，多想一點點就能得出更好的解決方案，別的不說，這能帶來更主動的支持協助。[13] 當人從認知層面去因應某個議題時，就會更加投入，設法解決難題。我們在生活中與工作上苦苦掙扎的問題通常都超過自己能應付的範圍，因此，很重要的是，我們必須善用自己有的工具去徵求他人協助，好問題便是最好的工具之一。

 ## 在提出答案之前要耗費的時間

幾年前，我去新加坡參加一場由《華爾街日報》舉辦的大型研討會，對一群企業執行長和資深領導人發表演說，簡報《創新者的 DNA．5 個技巧，簡單學創新》（*The Innovator's DNA*）一書中的發現，這是我和戴爾、克里斯汀生一起做的研究，探討

高度創新與不太創新的商業人士之間有哪些行為上的差異。有五項關鍵技能讓創新者有別於非創新者，其中一項是他們慣於提出疑問。（比方說，我們發現，創新者的問答比率〔Q/A ratio〕通常比較高，這是指，我們從他們的訪談紀錄中找到的問題數目對回答數目之比率。）在研討會結束後，有一個人來找我問道：「我擔心的是，我在公司從下而上一路往上爬，主要都是因為提出對的答案而獲得拔擢。現在當我擔任執行長一職時，我明白了，喔，這個位置的重點不在答案，比較重要的很可能是要提出對的問題，我不太確定自己是否知道要怎麼做到這一點。」[14]

他的事業已經大有成就，但是仍未成為更深思熟慮的提問者，聽到這件事我毫不訝異。人們花很多時間在階級式的組織裡往上爬，很少有人鼓勵他們去提任何類型的問題，反之，大量的信號向他們說明殘酷的現實：提出收斂型的問題（單純尋求事實資訊的問題）會讓他們顯得很笨。而且還有更無情的信號也阻止他們提出發散型的問題，因為後者經常挑戰那些應該由更高薪階級來處理的問題。順帶一提，我所說的階級組織並不限於企業，而是泛指大部分的非營利組織、教育機構、政府機關與軍隊。（正因如此，詩人丁尼生男爵〔Alfred, Lord Tennyson〕才會用以下的詩句描寫輕騎兵：「他們不回應／他們不問原因／他們只顧衝鋒陷陣並壯烈犧牲。」）

在這種環境中，要活下來且活得好，關鍵就是提出明智的答案。出現問題時站出來提供解決方案的人，就能一馬當先，隨著時間過去，解決方案慢慢改進，也不會有任何人停下來重新檢視

問題。最後負責整體營運的人是誰？是通過這套流程篩選出來的人。就像我在新加坡見到的這位執行長一樣，很多經理人早就被迫把提問這件事逐出他們的人生，當他們爬到上位時，甚至不知道該怎麼問了。但是，企業的未來，以及每位任職於企業的員工生計，都取決於資深領導者是否能看出何時需要挑戰舊有假設並提出基本問題，以求為客戶提供更佳的服務。我常會找到一些例外的領導者，他們多半都是企業創辦人，而非一步一步往上爬的典型經理人。以提供客戶關係管理產品的平台企業 Salesforce 為例，該公司的行銷長賽門・穆卡伊（Simon Mulcahy）告訴我，公司的共同創辦人、董事長兼執行長馬克・貝尼奧夫（Marc Benioff）不斷在問未來會是什麼模樣以及公司該如何因應。重點是，他永遠強調面對這些問題時要拿出「初心」（beginner's mind）：不斷地用嶄新的眼光來看這個世界。貝尼奧夫說：「你要有初心才能大膽創新。」歷史較久遠的企業注重執行勝過創新，會去挑戰傳統的「行動者與搖撼者」（movers and shakers）太容易被斥為「做夢的夢想家」。[15]

把重點放在回答確定的問題上，大部分時候並沒什麼問題。基本上，好問題應能每隔一段時間就導引出好的答案。[16] 重點不在於留在持續質疑模式裡，而是要退一步重新思考，不要一味躁進做決定，迷迷糊糊繼續度日。但是，一旦我們覺得困住了，一旦不得不創新或是必須持續推動變革時，光是回答已經過時的問題，遠遠不夠。

也因此，我在新加坡的經驗並不讓我訝異：來找我的那位執

行長等到接下了領導新職才恍然大悟，原來他最重要的個人發展任務是要增進建構與重構問題的能力。我聽過很多人也這麼說。比方說，領導專業服務公司安永（EY）的馬克・溫伯格（Mark Weinberger）便告訴我：「執行長背負著要提出答案的期待，而且顯然你也確實需要有些答案。但有時候其他人並不容易理解，身為執行長，你的最重要工作之一，就是提問。」他也很快補充，說必須用對的精神來提問。「你不能讓人覺得，如果他們無法回答你提的問題，你會認定那就是錯的。究責不可以變成提問的目的，真正的目的是要幫助他們從不同的角度思考。」

對印孚瑟斯技術公司（Infosys）的創辦人納瑞亞納・穆棣（Narayana Murthy）來說，提問是讓公司繼續成長的唯一方法。「說穿了，如果我們在市場上要成功，就必須持續創造差異，而持續的差異來自人類心智的力量。」他對我說：「這股力量的表現方式便是提出對的問題，接著才是回答問題的正確答案。」他總結他的思緒，強調領導者的任務就是確保組織「透過創新的力量創造差異」，並暗示了領導者要有一些優先的思考與作為：「我相信，問對的問題是第一步。」

 ## 愈是卡住，愈要提問

碰巧的是，整體來說（很多情況下，以個體來說亦同）我們在諸多領域都需要創新的力量。需要有人揭露的科學之謎、需

要解決的社會議題、需要克服的個人困境，多不勝數。在很多領域，陳舊的想法不斷重複，阻礙了進步。只有新問題才能指出前進的方向。

舉例來說，很多人都注意到某些領域缺乏性別多元性，在科學、科技與工程等範疇尤為明顯。我認識一位創業家黛比·思特琳（Debbie Sterling），大學畢業時就因為這個問題而困擾不已。她在史丹佛大學主修工程，在同一學程裡，女性的人數遠遠少於男性。他們知道這不是入學審查人員的歧視所致：放眼看去，申請工程學程的女性本來就不多。

思特琳告訴我，她發現她有一些可以著力之處。「最初的發想來自於我和朋友們共創的一個社團：『想法早午餐會』（Idea Brunch），我們每兩個月就聚會一次，一起做早餐，每個人都要站起來推銷一個構想，比方說一個藝術專案、一份事業或一套應用程式，我們會腦力激盪幾分鐘，然後討論下一個提案。」某次早午餐會上，她的朋友克莉絲蒂（Christy）在輪到她時回憶起一次經驗，想起小時候玩哥哥的積木和模型玩具套組。這些玩具勾起她對於動手打造的興趣，當時的她「還不解世事，不知道打造東西不是女生該做的事」。思特琳還記得，這位朋友提問，為什麼這些是她哥哥的玩具，而不是她的。「克莉絲蒂的問題是：有什麼辦法可以讓這些玩具也適合女生？……我記得，這個問題讓我想到入迷，我坐在那裡一直想。那是一個頓悟的時刻，我的感覺是：喔，我來到這個世界上就是為了做好這件事。」

思特琳承擔了這份使命感，隨之行動，提出一個產品構想，

利用群眾募資平台啟動網（Kickstarter）做出產品原型。如今，她創辦的戈蒂組合玩具公司（GoldieBlox）製作各式各樣的玩具，並自豪地大聲說出背後理由：「戈蒂組合玩具擔負了啟迪下一代女性工程師的使命，」公司的官網上說，「我們的目標，是要讓女孩動手打造。」我更喜歡思特琳本人對我說的話：「我的問題是：我們要怎樣才能擾動為女性鋪設的『粉紅大道』（pink aisle）？」

這是一個範例，述說一個人看到讓別人束手無策的問題，從中找到意外的解決問題新角度。在之後的各章，會繼續以此為主軸，我們會看到有人挑戰打擊網路犯罪、解決交通問題、對抗濫用槍枝的暴力等等。他們的所作所為指出，新的答案其實早就存在，以及我們應該不斷努力，讓更多人成為能提出觸發性問題的人。

 ## 我們也該更精於提問了

為防有人覺得還不明顯，我要把話挑明了說：本書雖然不是一本給你答案的書，卻也不是一本「幫你列好問題」的書。其他的書通常會整理出問題集，用他們的公式化取向來處理預設的案例很有用。[17] 然而，本書設定的目標更高，意在為人們提供工具，讓你可以提出和自身情境息息相關的獨一無二且不受束縛的問題。

在進行相關探索時，本書的焦點會放在一類特定的問題上，但這些只是完整的問題範疇中的一個小小子集合。其他大力讚揚問題與提問的書，之所以沒這麼有用或不那麼讓人滿意，或許原因就在這裡。重點並不在於提出更多問題；確實，很多時候，提出的問題即便還不算根本有害，卻也是浪費時間。能激發出創意解決方案的只有某一類的問題，這類問題能為集體思考注入能量，激勵大家齊心合作，得出重大進展。把焦點放在這些問題上，我們就能學會如何在生活與工作當中讓更多問題浮出水面。

突破性的解決方案從重構問題開始；我們在很多、很多領域都急需這類方案。如果我們能運用更有條理的方法，掌握過去認為只能靠機緣得到的事物，讓可導引出洞見的提問靈感經常出現，每個人終能受惠。最後這一點是我寫本書的真正理由：我相信，某些看起來像是一生一次鴻運當頭才會碰到的事物，比方說看來憑空出現、能指出未來前進方向的洞見，實際上並不應該交給機率去決定或假設它們必然罕見，我們可以更著重在能倏然帶來這些洞見的問題上，藉此製造出靈光乍現的時刻。

CHAPTER 02

為何我們不多多提問？

而你，稻草人，居然膽敢要求要有腦袋？

你不過是一大綑的牛草料紮成的！

——電影《奧茲大帝》（*Oz: The Great and Powerful*）

當你在看極具挑釁意味的政治藝術作品時，常會想著背後應該有個了不起的大人物。已故的提姆・羅林斯（Tim Rollins）顯然就是這樣的人。他是一位紐約的藝術家，因爲長期和高中生合作而聞名，其中很多孩子都有學習障礙，來自於紐約最艱困的布朗克斯（Bronx）地區。「提姆・羅林斯與 K.O.S.」（Tim Rollins and K.O.S.；K.O.S. 是 Kids of Survival 的縮寫，意爲「存活下來的孩子」）在一九八〇年代末期頗受藝術界好評，其中的「孩子」時至今日仍在創作；然而，《紐約》（*New York*）雜誌在他們的合作作品賣得最好時刊出一篇文章，報導整件事中沒那麼光鮮亮麗的一面。文中引用心懷不滿的學生所說的話，勾勒畫室中不太令人開心的交流動態。[1] 比方說，有個學生

抱怨，如果羅林斯不接受某個學生的繪畫建議：「他的態度如果是：『呃，不好。』每個人也會跟著說：『不好，不好，不好。』」但如果是羅林斯自己提的構想，大家就會很熱情地支持：「他會問：『這怎麼樣？』『喔，耶，提姆，我們好喜歡。』」

我不預設自己了解實際情況（而且，很可能有幾種事實在互相作用著），但孩子們難以理出頭緒，不了解這種不尋常的安排如何運作——這似乎合情合理。一位年輕女孩對《紐約》雜誌的記者說：「孩子們不想說什麼，因為他們不想讓提姆傷心。」他們很清楚自己是這套方案的受益人，也很擔心羅林斯認為他們利用他。但在此同時，她也提到，有些人知道孩子們的參與才是這些藝術作品強烈吸引買家的理由。因此，她說了：「這些孩子覺得：『等一下——現在到底是誰在利用誰了？』」

你可以在這個問題的答案中選邊站，但這裡的重點是，這是一個該提的問題。在畫室內部秉持換位思考的精神提問，不帶指控，或許就能驅散某些忿忿不平。這原本可以是具有觸發作用的問題，可以強化雙方的合作關係，讓整個方案的創意成就超越現狀。那麼，為何心裡有疑問的學生不說出來呢？為什麼像這樣重大、決定前進路線且合理的問題卻沒有人提？我們在這一章中就要來探討這個謎。我提出的答案很複雜，因為問題在很多因素的共同作用之下才會被消滅，但說到底，最終都可歸於某個簡單且可以解決的點。在我們的世界裡，進行社交對話的空間多半無助於提問或把人培養成更有創意、有建設性的提問者，但是，如果我們承認這些缺失並下定決心加以改變，就能打造出適合的空間。

學習不問問題

　　問題之所以無法自然出現，第一個理由是很多人天生好問的渴望早年時很多次、很多次遭到壓抑，次數多到減弱了人們提問的衝動，發問的渴望因此消萎。這套過程會出現在學校與家中，並延續到年輕人初入職場之時。等到他們位居要津，覺得可以自由提出具挑戰性的問題、甚至必須爲了自己與他人的益處而提問時，已經不知道該怎麼做了。

　　花很多時間和孩子相處的人就知道，人天生就有無數的疑問，也樂於自由提問。這類問題多半都是簡單的尋求知識或釐清道理，但在探詢事實的問題中總免不了混入一些讓人不安的問題，而且，就算不是故意的，偶爾還有些問題觸及禁忌。根據別人對於問題的回應，孩子會在兩個層面學到經驗。（運氣好時）他們得到滿足好奇心的答案，在此同時，他們也收到相關信號，告訴他們是否應該繼續發問。

　　通常，小孩剛上學時都很勇於提問，但在和最正規的教育體制接觸後就開始退縮了。東尼・華格納（Tony Wagner）和泰德・汀特史密斯（Ted Dintersmith）在他們出版的書《教育扭轉未來：當文憑成爲騙局，21 世紀孩子必備的 4 大生存力》（*Most Likely to Succeed*）裡就說盡了這樣的動態。教師要向行政人員負責，全力提高責任區在標準考試上的成績表現，日復一日「爲了考試而教」，努力把最多的制式知識塞進孩子腦袋裡。趕教學進度時，

學生所提的問題會導致讓人所不樂見的延誤，而且，在一班二、三十名學生的教室裡，由老師提出的問題也很難成為創意提問的典範。課堂上會提出大量問題，但目的都是為了測驗學生的記憶及維持學生的注意力，學生只怕下一個被點名叫起來回答問題的是自己。

教育研究人員早就注意到這樣的失衡。舉例來說，一九六〇年代時，艾德溫‧蘇思凱德（Edwin Susskind）進入小學課堂，嚴謹記錄下每一次的口語交流。他發現，平均而言，一小時的課堂中老師會提八十四個問題，學生只會問兩個，而且，是**所有學生加起來**。他算了一下，一個學生一個月只提一個問題。[2] 更早之前，一九四二年時，心理學家喬治‧法黑伊（George Fahey）花了一學年觀察六個高中班級共一百六十九位學生，也得出同樣的發現：每個學生每個月只提一個問題。[3] 威廉‧法羅伊德（William D. Floyd）發現，在小學教師中，老師提問與學生提問的比率可高至九十五比五。[4] 教育學者詹姆士‧狄龍（James T. Dillon）總結直到一九八〇代末期之前的研究，他說：「學生在課堂上不問問題。我們常看到老師不斷提問，至於學生，就算有聽到他們提出問題，也是少之又少。」[5]

我們或許會預期，隨著學生的學習歷程不斷推進，課堂上這種「站起來回答」的提問模式會減少，不再只由老師單方面運用問題，學生也將會有足夠的知識，可以開始探求新發現。馬克思‧魏泰默爾（Max Wertheimer）在其指標性著作《建設性思考》（*Productive Thinking*）中以愛因斯坦為例，檢視他如何發

展出相對論。他提到，十六歲的愛因斯坦「並非特別出色的學生，但是他可以自己做出一些有建設性的成果。他完成的這些成果都在物理與數學領域，他也因此比同學們更能深入理解這兩門科學。也就在此時，相對論這個大哉問真正開始讓他感到困擾，他大力鑽研這個問題七年。」愛因斯坦是一個極端範例，但重點是，他在真正深入處理特定領域的問題之前，先花費多年時間鑽研現有文獻；以十九、二十世紀之交的文獻量來說，他有可能在二十三歲時就掌握了相關資訊。（既然我們現在談愛因斯坦和問題之間的關係，我忍不住引用魏泰默爾接下來說的幾句話：「然而，從那時起，他開始質疑**慣用的時間概念**……雖然當時他還在專利局擔任全職工作，但他只花了五個星期就寫出了相對論的論文。」〔不同字型是我特意強調之處。〕[6] 這真是讓人震撼的證言，說明了正確問題所具備的觸發性質。）

　　無論是哪個領域，學生大體上都需要有基本事實與理論（這些是早已確立且毫無疑問的基礎知識）的立基點，才能自行提出有見解、有助益的探尋問題。科學教育研究人員菲利浦・史考特（Philip Scott）解釋，在課堂上，學生與教師之間有兩種不同的交流，在「權威」模式下，教師僅負責傳輸，目的在於傳遞知識。沒錯，學生會問問題，但也只是為了得到事實性質的答案或解釋。教師常提問題，但亦僅在於測試學生的理解程度。當老師轉向「對話」模式時，他們會鼓勵學生自行探索概念並考量不同的觀點。他們以有趣的問題導引學生提出嘗試性的回答，還有，同樣重要的是，他們也歡迎學生提出這類問題。史考特的重

點是兩種模式都必要，有效的課堂管理是混合式的，但是，隨著學生不斷往前進，對話式交流的比重須提高。[7]

你很可能看出這當中隱含了一個問題，那就是邏輯上來說，每過個十年，情況會愈來愈惡化。不管是哪一個學科，基本知識都不斷在壯大，因此，對每一代人來說，學生需要接受更長時間的正式學校教育，才能爬上前代巨人肩膀上以便看得更遠。對多數人來說，他們無力花這麼長的時間投身於昂貴的學校教育，因此，他們把所有進行正式教育的時間都花在用於傳遞資訊的課堂上，而不去質疑、也不學著質疑基本概念。

然後他們從這裡進入職場。有些人加入軍隊，這裡向來不是以培育質疑行為而聞名的場域。有些人進入受到標準流程與規則嚴謹控管的公、私部門工作。如果說有什麼是專為了壓抑提問而設計的東西，必定是鉅細靡遺的程序性手冊，交由工作繁重的員工亦步亦趨跟著每個步驟做。因此，在敵視問題的教育環境下已經養成習慣的員工，通常會發現自己來到了以執行為重的職場，在這裡，顯然不存在鼓勵創意的學習目標（然而，世上最創新的企業恰恰相反）。

也就是說，從教室到辦公室，人們都待在問題沙漠當中，在效率利益考量之下，創意提問被忽略、被噤聲。停止思考如何用不同方法解決問題或如何解決不同問題，是導致延遲的可嘆因素，如果問題真的很麻煩，還可能讓整個活動都停頓下來。人們狂熱追求生產力，因而阻礙了提問，但原因通常不僅於此。壓制提問的更重大、更黑暗的原因，是這些場合通常也充斥著權力鬥爭。

權力腐化了提問過程

在人類互動的每一個範疇中，大家都追逐著權力；就連我所處的學術界，美國公共行政學者瓦拉斯·謝爾（Wallace Sayre）就有一句很有名的評論，說這裡的政治鬥爭特別厲害，因為「利害關係很小」。如果你真的想找個地方看看世界級的權力玩家如何相爭，那就莫過於好萊塢了。我們可以在任何時間挑任何一家大型的製片廠，看看權力角力如何進行，而我特別喜歡一九四〇年代某次留下詳細紀錄的事件，因為這是握有不同權力的人在彼此對抗（一邊是富有的製片家山謬·戈德溫〔Samuel Goldwyn〕，另一邊是備受尊崇的劇作家莉莉安·荷爾曼〔Lillian Hellman〕），而且明白揭露了為何多數人根本對提問不感興趣。

據替戈德溫作傳的史考特·伯格（A. Scott Berg）所言，一九四三年某日，戈德溫命令荷爾曼去他位在好萊塢的自宅見他，因為之前荷爾曼以戲劇性的方式宣告一部由他根據她的劇本製作的電影「是一部垃圾」：

她一走進房子裡，他就大聲咆哮：「我聽說妳告訴大家說發掘泰瑞莎·萊特（Teresa Wright）的人是妳！」

「那又怎麼了？」她問。

「回答我的問題。」他要求。

「不要，」她說，「我才不回答任何問題。今天下午我就

說過了，我再也不接受你的任何命令。永不。」

戈德溫對她下逐客令。「我不會離開這棟房子，」她說，「除非你先離開這個房間。」他臉色大變，然後又重新下令，而她也重述她的立場。他們直直瞪著對方，他先眨眼，大聲叫來（他的妻子）法蘭西絲（Frances）。她衝進室內，試著調解，而他像一陣風似地跑上樓。在他離開時，荷爾曼也走出前門。[8]

這是個荒謬、瑣碎的場景，但是，讀到這一段時很難不熱血賁張。我們看到的是一場競賽，看看誰說了算，而且我們直覺上會覺得贏的人應該是提問的人，而輸的一方則是被迫回答的人。在這個案例中，我們看到的是僵局。一個無法住口不問的人，遇上堅決拒絕回答的人。

當然，這個場面沒有任何可以開啟創意性突破空間的觸發性問題，這些是比較常見的問題，是一種很容易拿來當作武器的問題。我們在政治事務上三不五時都可看見這類問題。加拿大學者道格拉斯・瓦頓（Douglas Walton）寫道：「以許多政治辯論來說，在提問與回覆上都有一個特質，那就是……問題的攻擊性太強，回答又太過語焉不詳，然後提問的人抱怨連連」，回應者的目標就是要避開問題。[9]這些人在試著爭奪或維繫權力時，提問的用意不是想徵詢許可、理解他人觀點、更加了解對方或尋求對方忠告，而是利用問題讓對方跳入自己的立場、抓對方的小辮子凸顯對方的愚蠢，或是提醒對方現在得先放下手邊的工作，因為他們有義務回答問題。對權力的渴望和尋求真相無關，這些人

圖 2-1　德國漢堡的這片街景讓我不得不停下腳步,想一想渴望權力的人如何封印我們的人生之窗,阻止我們提出重要問題。

尋求的是優勢。

　　這可以解釋為何一般人不願冒險多多提問：當你看到追求權力的人濫用問題，會留下難以抹滅的印象，認為提問是攻擊的行動。認知到這一點之後，不希望挑戰他人或不想被視為想要掌大權的人，會默默選擇把問題留給自己。因此，很多應該多問問題（用可以創造知識、釐清模糊地帶與激發新思維的非攻擊性方式提問）的人，不斷地自我修正，以避免冒犯別人。他們將身邊的權力動態轉化到內心，閉上自己的嘴巴。

　　我想起一個最讓人警惕的範例，是精神病學家查爾斯・賀夫靈（Charles Hofling）一九六〇年代針對一群護理師所做的經典研究。他為了檢測身在權力階級中的員工會展現哪些「情境式」行為，以及和他們自行預測自己某些狀況下的行為有何差異，他請一位研究人員假扮醫師，打電話對實際在醫院病房工作的護理師下令。指令是要給某一位病患一種名為 Astroten 的藥品，不得拖延；實際上並沒有這種藥品，但藥櫃裡有一個放了安慰劑卻標示此一藥名的藥瓶。本項醫囑不僅違反醫院的傳遞處方標準流程，要求給病人的劑量更是比藥瓶上明示的「每日最高劑量」高了一倍。但是，在二十二名接到電話的護理師中，二十一名都沒有質疑指令，等到有人出面阻止他們，才沒有繼續下去。

　　對於生來就為了掌控他人的人來說，這種毫不質疑的服從簡直太美妙了。事實上，若要衡量權力的高低，最好用的一項指標很可能就是掌權者的命令與行動有多麼不容質疑。再想一想好萊塢以及本章的引言出處，回憶經典電影《綠野仙蹤》裡，陰錯

陽差成為英雄的一干人來到翡翠城（Emerald City）、群眾為他們引薦那位大魔法師的場景。觀眾必須體認到眾主角期待他是好人的尊者，實際上根本是傲慢的惡霸。電影如何讓這一點昭然若揭？讓他阻斷所有疑問。當桃樂絲（Dorothy）小心翼翼開口說出：「我們來請您……」之時，馬上就被打斷。「安靜！偉大又強大的奧茲**知道**你們為何而來。」但是，期待他會因為**知道**他們的要求而做出回應，是想太多了。桃樂絲和朋友們得到的反而是另一個指令：「上前一步」，之後，他們被魔法師百般羞辱，還被指派一項任務，得先滿足他的需求。這只是一部電影，但我們都懂它要說的重點是什麼。傲慢的惡霸就是這樣行事。

追逐權力的人早就知道問題能導引對話方向，而且提問的人能居於主導地位。他們利用問題來保有控制力，因此，當其他人提問時，他們會忽略或試著把問題轉向對自己有利之處。《富比士》雜誌的官網上有一個事業發展建議專欄，收到大量被跋扈主管搞得垂頭喪氣的白領員工來信。其中一位賈許（Josh）寫道：

> 我簡報做到一半，副總裁問了一個簡單且合乎邏輯的問題。
> 我還來不及開口，巴特（Bart）就跳出來回答……
> 那位副總裁說：「我在問賈許」，之後，我回答了問題。
> 巴特說：「賈許，你其實應該讓我回答這類問題！這不是你的專業領域，我和副總裁都比你更懂。」
> 這次簡報的主題完全是我的專業領域。[10]

顯然，很多職場都會出現這類行為模式。有一個網站「謬思網」（Muse）請大家踴躍投稿，談一談自己遇過最惡劣的主管，一位白領階級說：「我遇過一位主管，當我在會議上要回答主管的主管問我的問題時（我之前和提問的大主管共事過，也培養出比較密切的關係），他居然把手擋在我眼前不到一英寸的地方不讓我說話，自己代替我回答。」[11] 唯恐你認為這樣的經驗只是個案，史丹佛大學教授、同時也是《拒絕混蛋守則：如何讓混蛋小人退散，並避免成為別人眼中的豬頭渾球》（*The No Asshole Rule*）與《職場零混蛋求生術：七顆特效藥擺脫豬隊友，搞定慣老闆，終結奧客戶！》（*The Asshole Survival Guide*）等書的作者羅伯·蘇頓（Robert Sutton）提出了大量研究證據，證明事實恰好相反。他告訴我，這種情況比多數人所想像與願意承認的更普遍。

　　總而言之，提問者有好有壞，最糟糕的那一種是利用問題來控制他人。但多數人從不停下來想一想問題有好壞之分，因此，他們經歷過的有害提問痛苦效果抹煞了所有提問。他們骨子裡相信，提出問題，尤其是任何挑戰現狀、超越界限的問題，就是惹人厭的行為。人在階級（區分的標準是地位、專業、擁有的東西、魅力，或者，天啊，四者皆是）中爬得愈高，他們提的問題造成的衝擊力道就愈大，而且也不鼓勵能引導他們以及他人轉向更佳思考與行事模式的挑戰性問題。

　　百餘年前，英國史學家阿克頓爵士（Lord Acton）根據資深政府官員及神職人員的研究，提出了明智的觀察。「權力讓人腐化，」他總結道，「絕對的權力讓人絕對地腐化。」他根據這

個想法進一步論述：「偉大的人幾乎必是壞人，就算他們只展現影響力並未施展權威也一樣；如果再加上權威，會讓腐化的傾向或必然性更火上加油。最糟糕的異端邪說，莫過於掌權者被奉為神明。此時……只要能達成目的，任何手段都可以合理。」我進一步引申阿克頓爵士的觀察，套入本書的範疇，我要說：權力會讓提問過程腐化，絕對的權力讓提問過程絕對地腐化。

 ## 缺乏成長心態

為什麼人會容忍這些事？美國學者芭芭拉・凱勒曼（Barbara Kellerman）在她的書《壞領導》（*Bad Leadership*）中大膽提出一種解釋：「人類需要安全感，除了在原始、家庭的面向之外，這股需求也會在許多其他層面發揮作用，這就是我們在日常生活中會追隨領導者的理由。乖孩子通常不可質疑老師，哪怕老師根本很糟糕。等我們長大成人進入職場時也是一樣：總體而言，我們服從紀律。我們聽命行事、照章辦事，哪管規定是否公平、訂規定的人有沒有足夠的工具或有沒有好好做。我們服從，因為，不服從的代價通常很高。」[12]

我們太容易屈服於別人對我們玩弄的權力遊戲。但是，人會自我修正的原因不只是這樣而已。我們不多問，也是因為我們有一些自利的理由。軟體公司思愛普（SAP）的前執行長孟鼎銘（Bill McDermott）對我說過，人們很可能「不想知道自己所提

的問題會引來哪些讓人不安的答案，或者不願負起責任去利用新得到的知識做點什麼事」。這讓我想起凱文・胡恩薩克（Kevin T. Hunsaker）的範例。二〇〇六年時他在惠普（Hewlett-Packard）擔任「道德總監」（director of ethics），當時該公司在處理一樁董事會洩漏敏感資訊的事件，正積極要找出是哪一名董事對記者洩密。有一名保全人員對胡恩薩克抱怨說惠普的調查方法太過頭了，居然要取得私人通話紀錄，而且「至少可以說非常不道德，甚至可能違法」。胡恩薩克覺得有必要問一問公司的調查主持人，一切是否光明正大。得到「遊走於邊緣」的答案之後，他並未進一步要求細節，反而以電子郵件回覆對方說：「我本來就不應該過問的。」[13] 設置道德議題主管位置的終極理由，是要讓某個人有權力去問，若思及這一點，這件事還真是可怕的諷刺。結果，熱過頭的調查完全失控，所有涉入的人就算沒有被控，也飽受傷害。

人們會躊躇著是否要提問，是因為他們並不想得到資訊、不想面對自己不得不改變的事實。即便理性上知道情勢發展顯然不如預期，但人們在內心深處還是會強烈捍衛現狀。[14] 請回想一下第一章提過的矩陣，其中有一個象限充滿「你不知道自己不知道」的事物。多數人會用各種不同的障礙把這個領域封起來，包括情緒上的屏障，以防止自己想要跨進去冒險。

美國心理學教授卡蘿・杜維克（Carol Dweck）探討了人類對於聰明才智的想法，她的研究和這方面有些相關性。她的書《心態致勝：全新成功心理學》（*Mindset: The New Psychology of*

Success）以一項開創性的研究為基礎，指出有一個因素會造成人與人之間的差異，那就是：你是相信一個人的聰明才智究竟是固定的，還是認為是可以繼續發展的。杜維克將相信後者的人稱為成長型心態（growth mindset），他們會因此更有動力努力工作，比固定型心態（fixed mindset）的人更有成就。但杜維克迅速指出，成長型心態的優勢「不僅在於努力」：雖然願意努力很重要，但是想要繼續學習的人「在卡住時也會嘗試新策略，並尋求他人提供建議」。[15]

杜維克特別說明了不同心態的人在面對問題時會有哪些差異。她舉例，假設你報名去上一門課，而且是你不熟悉的主題，上了幾堂課之後，老師請你到全班面前，問你幾個和教材有關的問題。「現在讓你自己進入固定型心態，」杜維克下指令，「你的能力馬上就要露餡了，有感覺到每個人都在看你嗎？有沒有看到老師臉上露出正在評估你的表情？去感受一下那股緊張，感受你的自尊警鈴大作、搖擺顫抖。」接下來，她請大家轉換，讓自己用成長型心態進入同樣模式：「你是新手，所以才會來上課。你是來學習的，老師是提供你學習的資源。去感受一下緊張離你而去，感受你打開心胸。」

我之前用了不少篇幅來談有權有勢者的提問態度，而杜維克的說法更提醒了我們，總要考慮事物的另一面。除了去思考在你所屬場域中的其他人如何提出問題之外，另一項重點就是你自己如何看待問題。你是用成長型心態還是固定型心態因應？直覺上我也認為，不同的人**問**的問題也不同，取決於他們懷抱的是成長

型還是固定型心態。缺乏歡迎改變與成長心態的人，對於提出挑戰假設並徵求創意思考變革的那一類問題，會比較不安。他們連不會造成破壞的有益問題都不會提，帶有更重大意義、能發揮轉型潛力的問題，更是完全不用談。

我在第一章談過柯達公司的創辦史，刺激因素是一個觸發性的問題。現在請想一想，幾十年之後，這家公司的發展何以大逆轉。二○一二年，柯達破產了。公司毀了，是因為別人搶在柯達之前提出並努力回答正確的問題：數位科技如何扭轉業餘攝影。儘管柯達的工程師早在一九七四年就發明了第一部電子照相機，仍難以扭轉頹勢；這部相機的畫素僅有零點零一百萬像素，但這是一個起點，本來有機會繼續走得更遠。然而，柯達的管理階層看不出有任何迫切的理由要投入大量資源從事相關發明。由於畫面的解析度極低，而且一般人家中或辦公室也沒有個人電腦或高速網路可以分享或列印照片，柯達的數位相機就被束之高閣了。

快轉到二十年後，此時柯達已經看到曙光，並在消費端成功經營起數位業務，卻浪費了大好機會，沒有跨進快速變動的新市場。這裡的問題是：為什麼這家公司已經無能像創辦之初那樣，提出深富想像力、具觸發性的問題？為什麼很多人也是這樣？我的理論是，隨著組織壯大並握有市場力量，會引來很多追求權力的人競逐高階管理職位。至於基層，則充滿能忍受替這類主管效命的人，這些員工沒有成長型心態，不質疑也可以埋頭過人生。也因此，有些地方就算一度改變了全世界，後來也可能失去能力，再也無法提出並追尋讓人熱血沸騰的新問題。

圖 2-2 我們最近和孫兒一起去迪士尼樂園（Disneyland Park），我們注意到在某個儀隊交接處放了幾十年的「柯達拍照點」（Kodak Picture Spot）的標誌已經消失，取而代之的是「尼康拍照點」（Nikon Picture Spot）。

 ## 要有空間才能孕育問題

　　這個世界有很多問題都亟需更好的解決方案，其中一項難題是如何保護瀕臨絕種的物種。最讓保育人士傷心的，是白犀牛悲慘的處境，據說這種動物的角具有療效（但完全是空穴來風），因而不斷遭到獵殺。幾年前，南非一個非營利組織贏得一項創新獎，因為他們從改變問題當中得出一個構想。之前所有的作為都聚焦在如何勸阻或攔截能輕易闖入白犀牛棲地的盜獵者，新的做

法則問道：為何不改為**趕走動物**？結果催生出「無邊界犀牛」（Rhinos Without Borders）計畫，目前已經將幾十隻犀牛運往波札那（Botswana）某個地區，盜獵者在此地無法運作也沒有網絡，在這裡也比較容易把這些人擋在外面。

這是一個和問題有關的好故事，而我之所以提起，更是因為這適合用來比擬提問者的需求。若要將不利於提問的環境扭轉成讓創意探問欣欣向榮之地，只靠廣泛說服扼殺問題的人停手並沒有用。這種做法會遭遇又深又強的抗拒。如果想要醞釀出更多的提問探索，應該轉而營造經過設計且受到保護的空間，訂下不同的規則，讓不同的條件傳播開來。

直觀（Intuit）公司是一家慣於因應創新需求的軟體公司，其高階主管維傑・阿南德（Vijay Anand）說過一段話：「身為領導者，你的任務就是設定大目標、預見大夢想，」他說，「但是，要成為好的領導者，你也要往旁邊站開，讓別人來執行想法與建構想法；遠離瑣事，給他人自主行動的自由。很多時候，你只要做到這樣就夠了。我向來只提一個問題：『你有什麼產品構想可以為印度創造十億美元？』每個人都受到激勵去回答這個問題，並把夢想付諸實踐，這實在太棒了。」[16] 直觀公司的董事長布瑞德・史密斯（Brad Smith）任職十七年，也一直努力在全公司傳播這樣的哲理。

他大力推崇所謂的「大挑戰」（grand challenge）式提問，這種提問風格會讓很多人思考如何才能實踐激勵人心的願景。任何問題只要能「讓我們的心臟狂跳，並退後一步去思考：『哇，

如果要做到這樣，我必須要有完全不同的思考與行動。』」，他都很重視。

在這方面，我們來聽聽萊諾‧莫里（Lionel Mohri）的說法；他是直觀公司負責設計與創新的副總裁，營造適合提問的空間是他的全職工作。他非常支持用「設計思維」（design thinking）的取向來進行產品與服務創新，從更廣泛的角度來說，他要讓大家投身於「系統思維」（systems thinking），因此，他提供架構與資源，協助公司裡的人發展構想、提出新的解決方案。但是，他對我說，基本上「我不認為創新的重點在於解決方案，事實上更關乎要提出對的問題……如果你沒有問對問題，就不會得到對的解決方案。」他說，如果人們意在「打破典範、從事破壞性創新」，更是如此，因為這個時候必須跨入更高的層次，重構問題。他認為「設計思維與系統思維給他最大的助益」正好解決了他面對的問題：「要如何營造出必要條件，好讓大家都能達成目標？」

這些話都是明證，指出直觀公司廣泛努力營造「創新的文化」，換言之，要打造一種「保護區」，讓問題可以存活下來，並且不斷繁衍。在之後的幾章，我會介紹很多也很注重要這麼做的人：他們在各處創造提問綠洲，期盼有利於創意活動的環境可以遍地開花。

有哪個地方可以好好滋養問題？

　　我們可以多做一些事、藉此創造出有利於提問的空間，這個概念不單指企業內部的組織文化而已。整體來說，不同的社會文化在鼓勵人們提問這件事上也有諸多差異。哈佛商學院院長尼汀・諾里亞（Nitin Nohria）回想起他人生第一次離開孟買、初抵麻州劍橋市（Cambridge）麻省理工學院攻讀博士時感受到的興奮之情：

　　我同時有兩種感受，一方面，我覺得自己來到一個小地方，另一方面，我又覺得身在一個智慧無限之地。最讓人驚訝的是，沒有人會說你只是一個研究生，所以你就應該想一些小事、或是要等到取得終身職之後才能去想大事。在印度，你幾乎只能不停思考如何找到容身之處。那是一個階級分明的社會，如果你很年輕，你絕對不該挑戰教授。

　　在這裡，忽然間你自由了，可以自己去想你要想的事，你會受到鼓勵去參與研討會；如果你問的是好問題，就和任何其他提出好問題的人一樣，有提問的權利。[17]

　　可以確定的是，如今的印度已經和幾十年前或任何其他時候都不同了（美國也是），文化角度可能變成一種誇張的說法。「TK」是一位人在美國華府的韓國法律教授，他大肆抱怨「文

化主義」（culturalism）這件事；他在自己頗受歡迎的部落格「問個韓國人！」（Ask a Korean!）中創造了這個詞。他寫道，從定義上來說，文化主義是一種「沒來由的不假思索之舉，用『文化差異』來解釋人的行為，不管是真的還是出自想像。」[18] 他之所以寫出這番評論，背後的刺激因素，是他密切檢驗一套理論（理論獲得麥爾坎・葛拉威爾背書），而這套理論的目的是要解釋大韓航空（Korean Air Lines）為何會發生舉世震驚的悲劇。沒人能確定為何大韓航空八〇一班機的機組人員會嚴重誤判進入關島的跑道，以至於後來墜毀在附近的高地，但這套理論指出，由於飛機的副駕駛與工程師太過尊重駕駛艙裡的階級制度，因此就算他們看到疲憊的機長正在犯錯，也未加以質疑。理論直指不同的韓國文化顯然是這場空難的罪魁禍首，但 TK 不接受。「文化主義者總是不假思索，試圖用沒有憑據的文化因素做解釋，文化解釋中的『文化差異』想像的成分高於實質。」他寫道：「馬斯洛（Abraham Maslow）的需求理論可以這樣改寫：對於懷有文化主義不假思索衝動的人來說，每一個問題看起來都像是文化問題。」

文化主義當然使用過度了，但有大量的研究支持不同國家的文化之間確有差異，其中的某些差異必定會影響人民是否提出／鼓勵帶有挑戰意味的問題。舉例來說，這個領域的知名學者吉爾特・霍夫斯泰德（Geert Hofstede）與同仁一起研究跨文化差異的六大維度，時間長達幾十年。其中一個面向是「權力距離」（power distance），定義為「組織和制度（例如家庭）中權力

較低的成員接受與預期權力分配不平均的程度」。[19] 在權力距離較近的社會中，許多生活面向顯然不同於權力距離較遠的社會，舉例來說，不平等的現象會比較不嚴重，「身為下屬也預期會有人來徵詢自己的意見」，而在不平等程度較高的地方，身為下屬的人則預期「聽命行事」。這些差異對於提出挑戰現狀的問題有何意義，不證自明。

就提問而言，會造成差異的第二個文化維度是「避開不確定性」（uncertainty avoidance），白話來說，這是指曖昧不明、沒有條理的情境，以及未知的未來前景會讓社會成員感受到多大的壓力。在一個極力避開不確定性的社會中，人民會坦然接納嚴格的行為守則、法律與規定。「分歧的意見不被認可，信念是『事實只有一個，就是我們知道的這個』。」這個面向上有許多明顯可見的差異，霍夫斯泰德指出其中一個便是學校體系，某些文化裡老師可以說「我不知道」，有些文化裡的老師「則應該無所不知」。同樣的，我們也很容易看出這些文化差異如何轉化成非常不同的傾向，影響到人如何提出刺激想法的問題。

第三個和提問相關的霍夫斯泰德文化差異面向，是一個社會的人民比較傾向個人主義還是集體主義。在個人主義社會裡，個人之間的連結比較鬆散，因為人會先顧自己。在集體主義文化中，人們在家庭與工作上比較容易活在強韌、凝聚力高的團體裡。個人主義文化重視說出自己的心聲，集體主義文化的焦點是要維繫和諧。如果後者是目標，多半會抑制提問，因為這裡的人們重視穩定知識（這是他們相互理解與合作的基礎）超過轉型

知識（這可能會干擾很多現有的安排）。

霍夫斯泰德的研究不斷提醒著那些需要和其他文化人民相處的人，某些他們認為放諸四海皆準的態度或行為，可能完全不是這麼一回事。以我們這些對於提問行為特別有興趣的人來說，這也強化了一個概念：人類與生俱來的好奇心可能受到鼓勵也可能遭到抑制，也會因此發展出不同的結果，端看他們所處的環境而定。如果我們同意，有些社會（以及組織）整體來說傾向於不讓問題浮出水面，那我們就應該更下定決心，去營造出我們知道可以滋養問題的特殊空間。

 ## 清出一個供提問探尋的空間

貴格教派（Quaker）有一種制度性做法，聽來是專為有益提問營造空間的絕佳範例。我從帕克·巴默爾口中聽說了相關資訊；他是一位教育家兼運動人士，他的書感動了千百萬人，其中包括我最愛的《與自己對話》。他提起一次經驗，那時有人給他一份好工作，請他擔任大學校長。他當然會接受，但在做法上他要遵循他的信仰：「根據貴格教派社群的慣例，我請來六位值得信賴的朋友，組成『澄析委員會』（clearness committee）幫助我考量我的職務，在過程中這一群人會自我克制，他們不提供建議，但會花三個小時對你提出坦誠的問題，幫助你找到自己內心的事實。（當然，回過頭去看，顯然，我聚集這群人的真實意圖

根本不是為了辨明什麼事，我只是在誇耀自己得到一份我早就決定要接受的工作！）」

巴默爾對本次會議的記憶是，一開始問題很容易接招，和他為新職面談預做準備、對答如流的問題沒有太大差異，但是到了某個時候，有人對他提出一個問題，「聽起來很容易，但到後來發現很難答。」這個問題是：「你最喜歡大學校長這份職務的哪個部分？」接下來就是一陣吞吞吐吐，委員會認為巴默爾的回答曖昧不明。在這個問題繞來繞去幾次之後，他終於給了一個坦誠的答案，「這個答案，連我自己說出口時也嚇了一跳」：

「嗯，」我用最小的音量開口說，「我猜，我最喜歡的部分是我的照片會登在報上，下面還寫著『校長』兩個字。」

和我坐在一起的都是經驗豐富的貴格教徒，他們知道雖然我的答案很可笑，但顯然我庸俗的靈魂已經面臨危險了！他們完全沒笑，而是肅穆了很久，在這股沉默當中，我只能冒冷汗並在內心呻吟。

最後，對我提問的人打破沉默，用一個問題讓所有人都笑開懷，更啟發了我：「帕克，」他說，「你能不能想到另一個比較簡單的方法讓你的照片上報？」

委員會完成任務。這個問題讓巴默爾檢視自己的內在，發現他之所以想要享有盛譽的地位，理由「比較關乎我的自我，而不是我的人生發展」。沒多久之後他撤銷自己的候選資格，就在

此時，他明白自己避開錯誤的一步，不會造成「對我自己來說很糟糕且對學校來說是一場大災難」的局面。[20]

我敢打賭，任何人都會因為這樣的經驗而變成終身熱愛提問的人，這也說明了重要問題不會也不能在一般的例行公事當中自然出現。

借用海明威的說法，問題需要「一個乾淨明亮的空間」才能開展。我看到很多人試著營造這類空間，刻意藉此來對抗各種已經集結成軍的反好奇與提問力量。有人會特別設計專屬的空間與時間，用不同於平時所遵循的規則來經營。舉例來說，在商業界，馬克‧祖克伯（Mark Zuckerberg）在他的Facebook公司裡明訂每個星期都有「提問時間」（question time），公司不僅鼓勵員工在這個時段尋求資訊，更要提出他們認為公司領導階層可能忽略或並未傾全力主動處理的困難議題。有些公司則投資由專業人士帶動的外部培訓課程，專門用於提出前瞻思考問題。

在家庭層面，某些家長，例如早年創辦網頁設計大獎威比獎（Webby Awards）並獲得艾美獎提名的製片家蒂芬妮‧沙蘭（Tiffany Shlain），以及她身兼藝術家、作家與加州大學柏克萊分校研究員的先生肯恩‧戈德柏（Ken Goldberg），講好在某一天或某一週大家用不同的模式溝通，訂出「無裝置」（device-free）時段。我的朋友碧雅‧裴瑞絲（Bea Perez）是可口可樂公司的公關長、溝通長兼永續發展長，在自家訂有定期的「桌邊談話」（table talk），也是這類供對話與重要問題的時段。

至於朋友之間，像黛比‧思特琳籌組的早午餐會（我們在第

一章談過），可以把人拖出例行公事之外，營造出一個任瘋狂構想天馬行空的空間。在這方面，任何的治療與輔導時段也都是很理想的空間，經過特殊設計且專門保留下來用於提出與回答轉型性的問題。

從某方面來說，本章是一篇長長的申論題，用來回答你在讀完第一章之後可能會有的異議：如果問題是進步（無論大小）的關鍵，為何我們能在人們不明白也不熱烈擁抱這一點的情況下來到二十一世紀？為何我們沒有更經常頌揚、鼓勵與徵求問題？

我們的答案始於驚人（且豐富）的證據，證明人們本應學到最多、而且應該最常提問的地方，卻大力抑制問題。美國社會評論家兼教育家尼爾·波茲曼（Neil Postman）說過一句名言：「學生入學時是問號，離開時變成句號」；他們變成回答問題的高手、提問的新手。幾十年來，各種嚴謹執行的研究指出，多數課堂上和職場裡少有人探詢發問，並不是因為人天生沒有好奇心，而是受到了社會制約。人類在開啟生命的序幕時是積極、熱情的發問者，但隨著人慢慢成長、時光過去，這樣的特質也隨著淡去。

我相信，提問是對生存和幸福來說非常重要的行為，但基本上被社會動態壓抑住了，位高權重的人討厭問題，因此限制提問，太多人（通常他們本身也缺乏成長型心態）總結認為，不問問題，人生會比較簡單。領導學的專家學者約翰·加德納（John Gardner）就說了，從定義上來說，質疑任何根本的事物，就是挑戰「現狀層層包覆的僵化與頑強固執的自滿」。[21]（請想

一想：我們爲何用現在這種方式處理問題？我們眞的有把重點放在最重要的目標上嗎？）

那麼，也難怪，個人對問題的緘默再加上有權勢者對提問的抗拒，使得群體嚴重缺乏創新思維。社會的提問能力受到嚴重阻礙，需要積極、特意的努力，才能打破「用心靈打造出來的手銬腳鐐」（這裡借用英國詩人威廉·布萊克〔William Blake〕的比喻），在團隊、課堂與家中重新啟動提問行爲。我們或許無法把整個世界變成提問之地，但可以經營特定空間，打造有益於提問的環境。接下來的各章便要說明如何去做。

CHAPTER 03

如果我們一起腦力激盪來提問，那會如何？

你可以從對方給予的答案當中辨別他是否聰明。

你可以從對方所提的問題當中辨別他是否睿智。

——埃及小說家納吉布・馬哈福茲（Naguib Mahfouz）

約莫二十年前，我和同事傑夫・戴爾聯合開課，在一個企業管理碩士班上帶一門腦力激盪時段，談創意策略思考；上這門課就好像要跋涉過濃稠的燕麥糊一樣。我們討論許多組織都要辛苦面對的議題：如何在男性主導的環境中打造平等的文化。學生非常在意這個議題，然而，他們自己發想出來的概念顯然並未展現太多的激勵作用。到了下課前幾分鐘，我們已經談了很多，但是教室裡面仍瀰漫著一股欲振乏力的氣氛。

我瞄了一眼時鐘，閉上眼睛一會兒，下定決心，至少要讓下堂課有個好的開始。「各位，」我現場即興演出，「今天我們先別管找到比較好的答案這件事，先針對這個問題寫下我們能提出的比較好的問題。我們來看看下課前能想出多少個問題。」他們

很盡責地開始丟出問題，而且我遵守我說的話，把開始提供答案的人重新導引到問題上。出乎我意料之外的是，教室裡很快地重新生氣勃勃，彷彿我剛剛按下一個不同的開關。下課時學生們沒有意興闌珊地拖著腳步出去，反而是一邊走、一邊興奮地交談，這些行動背後有很充分的理由：列在黑板上的問題中，有些深深挑戰了我們向來所做的假設，意外開拓出可容納潛在解決方案的空間。

我之前沒嘗試過利用腦力激盪想問題而不是答案，只是那時剛好想到，可能是因爲我當時正在閱讀並思考社會學家帕克·巴默爾早期的研究，討論如何透過開誠布公的探詢來尋找創意發現。但這是一個開始，之後我嘗試用在很多、很多不同時段，持續琢磨這項演練以求精進。幾乎每一次我都會看到這套做法帶動正面能量與深富創意的洞見。教室裡怎麼了？

多年下來，我體會到這件事其實很單純，不過就是替大家營造出不同的空間，在這裡暫時收起慣用的規則慣例，鼓勵不同的行爲。更廣泛來說，這種小規模的演練說服了我，指向突破性思維並不只是優越大腦才能得出的產物。人們頭腦裡的認知過程不是全部的重點，有很大一部分的重點在於人所處的環境條件：這些環境條件通常會抑制提問，但可以加以改變，變成歡迎提問。

 ## 環境條件能發揮作用

把重點放在環境條件上這一點需要多做解釋，因爲這和向來

的假設不同。如果你問自己爲何人們會用現在的方法做事，答案可能會讓你被歸類在某個哲學陣營裡。不管是黑格爾（Hegel）、馬克思（Marx）還是波普（Popper），無論你是否曾經研究比較過各方的論證，你或許會有某種傾向，可能是比較相信人的想法會受到環境影響，或者，反之，能超越環境。這就是我和我出色的人生導師兼摯友克里斯汀生不斷討論的問題。

我之前也稍提過克里斯汀生，很多讀者知道他是《創新的兩難》（*The Innovator's Dilemma*）的作者，這本書在闡述大企業如何常常因爲好鬥的新創公司而受到破壞。他深信，人無法將行爲（亦即人們預設好慣於採行的行動和決策）分離出來然後加以制定，行爲永遠都只能出現在脈絡之中。舉例來說，他指出，資本主義式的民主制度試著輸出他們的操作方式，移轉到尚未茁壯出民主的國家，通常都是失敗收場。克里斯汀生觀察到，輸入民主的國家之所以失敗，是因爲這些地方尚未營造出讓人們願意服從法律、履行契約以及尊重他人權利及財產的整體氛圍。如果將焦點轉向這些基本的預設條件，就改變了我們對於需做之事的理解。現在問題變成：要設立或強化哪些機構，才能培養出這些本能？

長久以來，克里斯汀生也相信問對問題會帶來力量，他說了一個關於他領悟到這一點時的故事。那時他還是哈佛商學院的學生，有一天，某位同學對一項案例研究提出很明智的意見，克里斯汀生領會到同學的建議和他自己的分析角度截然不同。他暗暗問自己：他們針對這個案例提了哪些**問題**，導引他們得出這麼好

的見解？自此之後，當他為討論課預作準備時，他會強迫自己先停下來，不要一頭就跳進去找解決方案。他說：「我後來才明白，問對問題是罕見但珍貴的技能。如果做到了這一點，通常可以順理成章找到正確的答案。」

直到後來，我和他才把這兩種信念整合起來。在思考我們為《創新者的 DNA：5 個技巧，簡單學創新》（傑夫‧戴爾是本書的共同作者）所做的研究時，我們想起訪談的資訊指出創新領導者都具備相當明顯的提問傾向，尤其愛提挑戰現狀的問題。雖然這看來像與生俱來的特質（所謂「是他們 DNA 裡的一部分」），克里斯汀生卻沒那麼肯定。某些行為僅會出現在特定地方或在特定地方才能順利展現，提問很可能就是其中一種。如果你希望能提出更多有益的提問，或許你必須去營造有利於此的環境條件，而不是用其他做法，比方說，試著僱用更多「愛問問題的人」。[1]

當我們說某個人是環境的產物時，並不是指他們自己不能發生作用，只能回應自身以外的力量。事實上，感知環境並隨之調整，是很理性的過程。舉例來說，大型組織裡的各種獎酬激勵系統，就是員工必須面對的一種環境，喜歡討論員工過去的成功／失敗故事的環境也是。這類文化與環境的激勵因素可以由人打造，也能特別設計與變更，以改變不同結果出現的機率。

了解這一點之後，讓我體會到大型機構裡某些領導者所作所為的重要性，他們理解到自家企業能繁榮興盛的關鍵在於不斷改變，而非靜態不動。我第一個想到的，就是線上鞋品零售商扎波

斯（Zappos）的執行長謝家華（Tony Hsieh）。他堪稱空間營造者，我個人花了幾天待在他的「美洲駝城邦」（Llamapolis）之後便有深切的感受，這裡是他建立的奇特拖車園區，地點就在拉斯維加斯市中心一處廢棄的停車場。拖車園區的入口是一條掛著節慶燈飾的通道，彷彿在告知訪客他們正要走進一個和外面大不相同的世界。這裡是謝家華的家，也常常是他想出最棒意見的地方，因此，他試著營造一個場所，普遍建置不同的環境條件，讓園區內三十輛拖車與小房子裡有趣且多元的住民與訪客之間激盪出最多「創意的碰撞」；這類人與人之間產生有益連結的時刻是隨機出現的，但他特意思考如何利用平面配置當作助力，多多促成這種時刻。

　　謝家華思考很多層面，去構想如何重新設定人們交流時的普遍環境條件。在管理圈內，謝家華最有名的應該是他稱之為「全體共治」（Holacracy）的實驗，是科層體系的全新替代品；他設想的組織架構並非金字塔型或其他典型的工程結構，而是一套生態，生態中的成就歸於整體，出自於組織內互相仰賴的貢獻者彼此間持續、動態的互動。這就是謝家華設計出來的扎波斯，曾在其他地方工作、後來加入扎波斯的人，都可以證明這裡的環境激發出不同的行為。謝家華也參與都市更新，他帶著高遠的企圖心來到拉斯維加斯，想要改變這個城市的創業氛圍，希望將此地變成創意型新創企業的溫床，以吸引都市計畫專家理查．佛羅里達（Richard Florida）所說的「創意階級」（creative class）。在亞馬遜收購扎波斯之後，他有了大量資金可以投入這項工作，金援在

圖 3-1 當問號變成這麼大，人生可以很美好。

圖 3-2 米蓋‧赫南德茲（Miguel Hernandez）是扎波斯全職駐地藝術家，也創作出許多不同凡響的提問空間。

圖 3-3 這個正在探索「美洲駝城邦」的住民,也享有同等權利;「美洲駝城邦」是謝家華的拖車園區,就在重獲新生、充滿活力的拉斯維加斯市中心。

圖 3-4 「當你刪掉所有不可能,剩下的就算可能性微乎其微,也必然是真相。」
　　　　 ──史巴克(S'chn T'gai Spock)引用福爾摩斯的名言

圖 3-5　　在扎波斯，當你跳出框架思考，很可能會發現自己跳入另一個非比尋常的格子。

圖 3-6　　我問帶我參觀扎波斯的導覽員克莉絲坦・安德森（Kristen Anderson）：「我可以在哪裡拍張好照片？」她帶著微笑回答我：「海爾，你有權決定。你想在哪裡拍？」唉唷。我覺得自己說錯話，有點不安，因為她在無意之中戳中了我預設用來處理這種簡單任務的「討好病」模式。攝影師為克莉絲坦・安德森。

地企業及非營利單位。這項實驗確實極富爭議性，幾年下來，謝家華也不斷縮小他的範疇，但任何人都不能懷疑他是全心投入要實現這個想法：如果你希望看到人們展現不同的行為，你必須先改變人們身處的環境。一如拖車園區，他對於拉斯維加斯市中心也有同樣的構想，希望這裡的公共與商業空間能觸動最多靈光乍現的對話、引燃更多想法，帶來他口中的「碰撞報酬」（return on collision）。

 ## 小規模重設

相較之下，我的「我們一起腦力激盪來想問題」練習，規模絕對比較小，自發性也比較高。然而，仔細拆解一項簡單、有效的干預做法（尤其是之後蛻變出來、經過更審慎設計的形式）以了解其營造的環境條件，很有價值。不管是個人還是群體，如果你想要尋找新見解以解決你關注的難題，如今我命名為「問題大爆發」（Question Burst）的演練至少是你會想要嘗試的練習。謹記這一點之後，且讓我來詳細說明相關內容。這套演練包含三項步驟。

第一步，營造舞台：一開始，請選擇一項你非常關注的挑戰。你可能因為某種挫折而受到打擊，或者你隱隱感受到有個有意思的機會逼近了。你如何能知道，這項挑戰已經萬事俱備、只待突破，而且只要問對問題即可？就像直觀公司的董事長布瑞

德‧史密斯說的，如果這「讓你心跳加速」，很可能就是一個好選擇。你會投入全副注意力，也希望能讓別人一起來思考。

接下來，召集一小群人，幫助你從新的角度來思考這項挑戰。你也可以自己做演練，但是邀請他人加入流程可以擴大知識基礎，且有助於維持建設性的心態。當你邀請他人參與「問題大爆發」練習時，也代表你請對方拿出同理心與活力，這些對於發想概念有直接的助益，最終也有利於落實執行。最好找來兩、三個對問題的「內幕」理解以及一般認知風格或世界觀與你不同的人，他們會提出你想不到的問題（這些問題很可能讓人大吃一驚或極具吸引力），因為他們對於這個問題沒有既定想法，也未投資太多心力在現況上。他們很可能提出超越常理的問題，直指眾人皆知卻不講明的禁忌，因為他們不知道這些不能講。

和找來的夥伴一起做演練，給你自己兩分鐘時間，對他們簡述問題。如果你已經克服尋找自願者的難關，卻在尚未從他們的想法當中獲益前，就先用自己的預設觀點來影響對方，那就可惜了。人多半相信需要把自己的問題從頭細說，但這是因為他們自己已經詳細思考過了。快速講一下你面對的挑戰，能強迫你從比較高的層次來建構難題，不至於限制或導引提問方向。因此，請說重點：講出如果能解決難題的話，情況將如何好轉，並快速提一下你為何卡住，亦即你為何無法解決難題。

進入提問時段之前，很重要的是，要清楚說明這項任務的兩條重要規則。第一，請別人只提出問題就好。你要說明，你是這次腦力激盪時段的主導者，如果有人試著提供解決方案建議，你

會重新導引他們回到問題。第二，請聲明這裡不需要鋪陳。只要是會導引大家以特定觀點來看問題的解釋與細節，無論長短，都是你要避免的。

你也會想要先快速查核一下情緒。現在，想一想你的挑戰：你對此的感覺是正面、中性還是負面？快速寫下基本上你的心情是如何。在這部分所花的時間不要長過十秒。腦力激盪時段結束之後你要再檢視一次。這些查核很重要，因為情緒對於創意能量大有影響。請記住，本項演練不僅要導引出重要的新問題，也要帶動你的正面情緒，讓你之後更可能堅持做下去。

第二步，提出問題：大致把你的挑戰講明之後，大家也同意尊重規則，現在，請按下計時器，將接下來的四分鐘花在集體腦力激盪，針對挑戰提出一些出人意表、帶有刺激意味的問題。就像所有腦力激盪演練一樣，此時也不容許反擊他人所說的話。你的目標是要在紙上能粗略寫下十五到二十個問題（最好照用原提出者的詞彙，之後再做徵詢）。

四分鐘、二十個問題，這些數字有什麼特殊的魔法嗎？沒有，但這麼做有用，理由如下：時間的壓力會迫使參與者嚴守「僅提問題」的規則。我常看到，當人們開始探索問題時，很多人會覺得很難抗拒去想答案，即使只有短短四分鐘也難以堅守。舉例來說，有一次，我去一家大型的製造商，有一小群人正開始提出與供應鏈議題有關的問題，人群裡有一位經理不斷提出答案，究竟是出於防衛心理還是想展現本身的知識，我就不知道了。這股衝動很容易理解，但本項演練的重點在數量。花時間回

答別人的問題，代表達成二十個問題的機會就少了。還有，如果大家都聚焦在盡量提問，就比較可能提出不受限於資歷和假設的簡短、廣泛問題，也比較不覺得需要解釋靈機一動想到的問題，而且不用為了敏感的主題字斟句酌。

在這四分鐘裡，你要寫下每一個人的問題。寫出每一個人的用詞，並請夥伴們幫助你在這方面坦誠以對；不然的話，你很可能在無意識之下去審查刪減你無法馬上「理解」或你不想聽的東西。你在寫的同時，也可以加入你自己想到的問題。這麼做，很可能會揭露你慣常建構（而且無意中沿用）這個議題的模式。知名的組織理論學家卡爾・維克（Karl Weick）常說：「在我把話說出來之前，我怎麼知道我在想什麼？」這句話也適用於此。

等時間到，請再做第二次的情緒查核。你現在對這項挑戰有什麼感受？有沒有比四分鐘前覺得更正面積極？如果沒有，但你做演練的環境設定應該要能達成這個效果，請試著再做一次。或者，你也可以休息一下，明天再嘗試。也可以找不同的人來做。研究已經確認，當人們在積極正面的情緒狀態下運作時，最能產出富創意的解決問題的方法。我相信「問題大爆發」的原始力量有很多是在於能夠消除被卡住的負面感受，改變一個人面對挑戰時的情緒。

第三步，拆解問題：現在，你找來的夥伴已經完成任務，有機會有所進展應該能讓你覺得更有活力。你現在要靠自己，研究你寫下的問題。請多注意那些指出新路徑的問題。以這項演練來說，有八成機率能讓你得到至少一個仔細重構挑戰、並提出克服

挑戰的新觀點的問題。選出幾個你認為有意思、而且因為和你的行事作風不同而引起你注意的問題。當你在檢視每個問題時，有些標準可以幫助你篩選：這是你從未提過或過去從未有人問過你的問題嗎？這是你真的沒有答案的問題嗎？這是一個會引發情緒反應（無論正面或負面）的問題嗎？換言之，針對問題做意外檢測、誠實檢測以及情緒檢測。

現在，試著把這些篩選出來的少數問題擴大到相關或是後續的問題上，有一個經典的做法，是豐田汽車創辦人豐田佐吉（Sakichi Toyoda）發展出來的「五個為什麼」（five whys）序列，以及史丹佛的麥可・雷伊（Michael Ray）在《這一生，你為何而來？》（*The Highest Goal*）中提出的變化型。請自問為什麼你選出的問題看來很重要，然後問你認為問題重要的理由是什麼，依序提問。這裡的重點是在被難題攻占的地方不斷開拓空間，這麼做也可以擴大可行解決方案的範疇，並加強你要做點事的決心。

最後，對這趟探問之旅許下承諾，至少尋訪一條你瞥見的新路徑，同時以追尋真相者自許。（我在這裡借用美國太空總署工程師亞當・斯泰爾茨納〔Adam Steltzner〕說明噴射推進實驗室〔Jet Propulsion Laboratory〕所從事的工作時講過的話：在這裡，有一群「瘋得很對」的人想辦法完成諸如讓探測車登陸火星等任務。）先別去管要做出哪些結論會讓人比較放心或哪些比較容易執行，先聚焦在要怎麼樣才能解決難題。提出一套短期計畫：你個人在接下來三個星期要採取哪些具體行動，去找到新提出的

問題指向的潛在解決方案？

　　最近，有位高階主管來參加「問題大爆發」演練，他任職的企業裡有四大事業單位鼎立；演練結束時他帶著堅定決心，一定要追根究柢探究出某些事實。他所屬的事業單位設立時的方針不同於其他三者，他看到自家部門有一些頗讓人憂心的行為，這是他一直在處理的難題。那次的腦力激盪時段讓他領悟到一件事，過去他心裡一直有一個很重大的假設：創辦這個單位的那些人之所以設置不同的獎酬方案等等，是因為他們**特意**要在公司裡營造出不同的文化。但，這是真的嗎？他的待辦事項清單先從敲定創辦人的行事曆開始，他要問一問。猜猜怎麼了？他們不僅無意創造這樣的文化，甚至很不樂見這樣的文化存在。這些會談後來導引出一系列的介入措施，以抑制有害的行為。

　　就是這樣：這就是我多年前發展出來、之後不斷琢磨改進的「問題大爆發」演練。但，要快速帶出新洞見真的這麼簡單？任何人只要願意參與這項短短的演練，就能針對大難題得出寶貴的重構架構，力道大到足以改善人生嗎？

　　從一方面來說，我很想說「是」。這裡所述的內容蘊含著一項簡單的意義，那就是如果我們固定進行「問題大爆發」演練，就比較可能想出創新的解決方案。把它想成純粹的數字遊戲。雖然提出的問題多半說不上是石破天驚的大突破，但只要重複的次數夠多（我一向建議針對特定議題要至少做三輪演練），這套技巧就能發揮適當作用，可靠地得出好問題。舉例來說，最近我聽到一位任職於全球性軟體公司的員工分享心得，她決定嘗試一

系列的「問題大爆發」演練，設法推進一個長期存在的管理難題。「我在第三輪之後覺得非常正面，」她寫道，因爲「提出的問題更深入了」。演練實際上透露出她原本用來面對難題的概念很「表面」，而藉由持續不斷提問，她「找到一個更有意義的挑戰要來克服」。

在此同時，這項演練所需要的投資幾乎爲零。強納森・克瑞格（Jonathan Craig）是美國券商嘉信理財（Charles Schwab）的行銷長，這家公司領悟到，最好的顧客就是提出最佳問題的那一群人，自此之後便以「問題的力量」作爲公司品牌核心。就像克瑞格說的：「光是提問就能帶來這麼大的好處，眞是令人難以想像。」他解釋道：「我常常拿來和領導團隊一起運用，如果我們爲了某個重要議題或重大挑戰而苦苦掙扎，我們不會只是嘗試找出答案，我們會花十五分鐘，在白板上寫下所有我們想要找出答案的問題，以利回答最終問題……身爲領導者，利用觸發性提問或其他方法讓大家提出問題，會讓你得到更好的結果，我們不斷看到這種情況發生。」

基本上，這種就好比「實地路考」的流程，讓你更有機會用寶貴、嶄新的方式來重構難題。我也拿來運用在無數的企業團隊（包括愛迪達、香奈兒、可口可樂、達能〔Danone〕、發現〔Discover〕、安永、富達〔Fidelity〕、基因工程〔Genentech〕和通用汽車）、非營利組織（例如聯合國兒童基金會〔UNICEF〕和世界經濟論壇）以及由我輔導的個別領導者。無論是工作上還是生活上，這都能快速地帶出不同方法，讓你重新審視正在糾

結的難題；如果你把這套方法變成大型組織裡的慣常操作（針對每個難題，至少和不同的群體進行三次或更多次演練），將有助於創造出廣泛的共同解決問題與尋找事實的文化。

另一方面，我也要承認，這套演練不見得必能順利推展。詹姆士‧狄龍在《提問與教學》（*Questioning and Teaching*）一書裡就提過這一點：「尋訪過之後總想帶點紀念品，我們會因此很希望把一些外來奇特的提問技巧帶回家。但是，我們最好把所有的技巧都留在原來發現它們的地點，那裡是它們最好的歸宿，是它們能發揮力量的地方。回到家之後，如果我們用一些外來的技巧，只會看來很愚蠢。」他寫道：「要帶回家的智慧，是理解、貫通讓實際行動擁有生命力的理論概念；要帶著新的領會回家，知道如何把提問的元素在自己的環境中轉化成適用於自己的目的。」[2]

我同意他的建議，以我們所談的主題來說，要帶走的重要心得，是如何經營出一個可供提問的空間。這裡的重要目標，是找到方法大規模營造出有利於提問的適當條件，讓它們在你的組織與生活中更普遍可見。「問題大爆發」演練能達成目的，就是加入了參與者通常沒有的環境條件，使得他們暫時收起平常的行為舉止。這是一次性的腦力激盪時段，無意變成整套的解決方案，但是，倘若以人為方式營造出有用的環境，這套演練能讓大家更看重問題的價值，並廣泛思考有哪些環境有利於提問，之後便能發揮持久的影響力。想讓更多問題自然而然浮出水面，就不再需要那麼多的外力。

進行「問題大爆發」演練之前與之後的情緒

　　過去幾年，我使用「阿格門多」（Argomento）意見調查軟體收集數據，詢問超過一千五百位領導者使用「問題大爆發」後的經驗。數據確認了我過去二十年來的認知；差別只在於過去我用的是簡單的舉手法，在課堂上、高階主管異地培訓以及大型研討會調查了超過一萬名的參與者。我會先請大家很快地在這套應用程式上輸入幾個詞，看看哪些詞彙最能代表他們對挑戰的感覺，並分成進行四分鐘的「問題大爆發」之前與之後兩階段。以下是我的資料庫產生的文字雲：

在進行「問題大爆發」之前，你對於所面臨的挑戰有何感受？

在進行「問題大爆發」之後，你對於所面臨的挑戰有何感受？

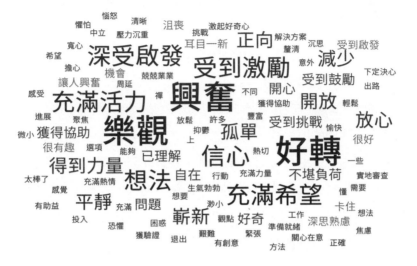

我們通常在腦力激盪結束時放映兩份文字雲的投影片，其中的差異總是讓大家很震驚。當參與者直接被問到完成「問題大爆發」演練後感受是否有變化時，同樣也有明顯的情緒轉變。以大多數人來說，他們對於目前正在因應的挑戰感受到的情緒至少都會好一點。

在進行「問題大爆發」之後，你對於所面臨的挑戰有何感受？

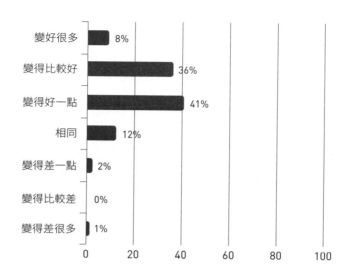

變好很多	8%
變得比較好	36%
變得好一點	41%
相同	12%
變得差一點	2%
變得比較差	0%
變得差很多	1%

 新觀點

　　只是用了四分鐘大量提問，就能讓多數領導者找到方法重構挑戰。以下是常用的劃分方式，指點出人們自行提報在進行演練之後的觀點改變，下圖則以是／否為選項，由參與者回答他們是否至少帶走一個或許可以克服挑戰的新想法：

你在進行「問題大爆發」演練之後是否有重構所面對的挑戰？

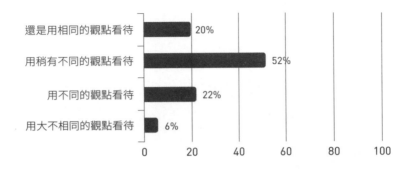

你在進行「問題大爆發」演練之後是否至少發掘出一個新想法？

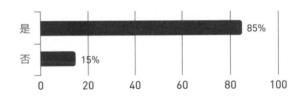

其他外力作用

　　在上一章的結尾有提到，我看過很多人（可能甚至是每個人）在生活中與工作上營造以不同規則運作的空間，希望這樣做能開拓心智的思考流程。我們能在這類場合裡想出問題，並在這裡花時間去注意出現的問題、並與問題互動。基本上，這包含了很多度假時光、宗教性避靜修行、企業異地培訓以及和明師、教

練與治療師共同合作的時候，也包括花幾分鐘脫離日常的繁忙，做做冥想、散步，甚至是好好泡個熱水澡。

我的朋友馬克·魏德莫（Mark Widmer）為家庭提供一項獨特的服務，他的基礎概念是，當人進到不同的地方，就能用更有創意的方式重構目前正在奮戰的難題。他和安佩里斯顧問公司（Ampelis）的同仁找到很多風景優美的地點（例如猶他州莫阿布〔Moab〕的紅岩地，以及義大利的多羅米提山〔Dolomites〕），並謹慎備置有利於營造對話的環境，布置適當的舞台。他告訴我，客戶中有一對白手起家的夫婦，其中一人發明了一項極有價值的產品，據此創立了成功的企業，最後把公司賣掉了。一路走來，這對夫婦養兒育女，但由於不是出身富裕之家，他們發現，關於如何避開金錢帶來的負面動態，有很多「他們不知道自己不知道」的事。魏德莫認為，在居家以外的地方安排一連串活動、讓這一家人去做一些他們平常不做的事，大大有助於創造適當的氛圍，讓他們問出對的問題。這對夫婦慣於憂心一些問題，比方說：**把這些錢留給孩子們，到頭來會不會害他們手足鬩牆？繼承遺產會不會害他們更難成為好人？**一家人聚在一起之後，問題變成：**好父母會留給孩子哪些能幫助他們過著美滿人生的東西？**好問題通常具備觸發性的特質，這個問題也不例外，這直指另一條大不相同的路徑，因為隨即浮現的答案是「他們的價值觀」，這一家人也因此充滿了生氣，一起思考這些價值觀，並想著要用什麼方式傳承下去。

在企業界，我要來講一個和這場家庭活動非常類似的事件，

那是一次團隊的異地培訓，設定的目標是要讓成員脫離日常瑣事，去思考長期策略。有時候，會有人覺得讓經理人離開平日的企業總部大樓、到另一個地方集合，是不必要的花費，但是，換個場所確實能帶動思維模式的變化，並拋開同事間平日的互動形式。過去十年，隨著企業將更多焦點放在創新的需求上，異地培訓在設計上也更加審慎，希望有助於讓人們聚焦在眞正重要的問題上。

　　有一種培訓形式很有意思，那是企業軟體製造商 Salesforce 爲其最大型客戶打造的創新諮商服務，名爲「引爆」（Ignite）。這套軟體設計成不僅能提供流程，還能營造出適當的環境條件，讓管理階層可以對公司的未來得出共同願景。這是一套包含六部分的方法，一開始，參與者要進行「問題與重構」的演練，其核心便是「問題大爆發」所使用的方法。舉例來說，在最近一次活動上，Salesforce 的團隊就和新成立的波克夏海瑟威住宅服務公司（Berkshire Hathaway HomeServices）領導階層合作，一起提出正確的問題幫助這家新公司開始打造品牌，成爲少數幾家同時身兼住宅仲介專營業者的房地產營運商。這家公司要如何確保其銷售方式是可靠的關係性質取向，而非僅著重交易？前線員工該如何超越房地產經紀人的身分，成功成爲受客戶信賴的顧問？這次的腦力激盪活動爲波克夏海瑟威住宅服務的經理人帶來的益處，是讓他們有機會抽離經營企業的不間斷繁重工作，評估他們所從事的重要活動是否契合最重要的優先目標。換句話說就是：公司是否回應了正確的問題？執行長吉諾・布萊法里（Gino

Blefari）與業務開發資深副總克里斯・史都華（Chris Stuart）之後發函給 Salesforce 的董事長兼執行長馬克・貝尼奧夫，說這次的活動在釐清策略方面的成效超乎他們預期，他們很有收穫。

如今，在 Salesforce 全球各園區內許多特別的地方都會舉辦這類「引爆」活動，這並非巧合。比方說，舊金山的 Salesforce 塔（Salesforce Tower）大樓的六十一樓。這棟大樓是舊金山市內最高聳的建築物，擁有讓人目眩神迷的三百六十度景觀，是其中一個貝尼奧夫所說的「歐哈納」（Ohana）之地；「歐哈納」在夏威夷語裡是「家人」之義。「歐哈納之地也是回報他人之地，」貝尼奧夫說，「宗教團體、非營利機構、非政府組織以及學校等等，在我們不用時都可以使用這些場所。」

為什麼夏威夷的文化基調成為 Salesforce 辦公室與企業文化中不可分割的一部分？這背後有個故事，同樣也和提問的價值有關。馬克・貝尼奧夫想到 Salesforce 創業概念的當下，恰好身在一個環境條件有利於提問的場合。時值一九九九年，業界還沒有任何人提供今日所說的企業雲端軟體服務。回顧當時，每一家大型企業都有龐大的資訊科技單位，肩負責任採購經營企業各部分所必要的軟、硬體，並安裝在適合的地方。在此同時，亞馬遜和 eBay 這兩家以網站為主的消費導向企業大幅成長，讓科技界每個人都驚嘆。貝尼奧夫當時是甲骨文公司（Oracle）的高階主管，他正處於工作到精疲力竭的狀態，準備要休息一下。因此，他請了研修長假，前往夏威夷，每天都和當地人交流、和海豚共游，並讓自己的心思無拘無束，隨心所欲。有一天他想到一個問題：

現在我們已經有了網路，那為什麼我們還要下載與升級軟體，沿用向來的方法來操作硬體？考量網路的連結與簡化特質，提供軟體時何不以服務替代產品？這段在夏威夷的時光，以及他自問的這個問題，後來讓他大為不同，也成為一家企業的起源，這家公司二〇一八會計年度的營收上看百億美元。

自此之後，貝尼奧夫就大力倡導要先退回到提問模式，之後才邁向答案。事實上，他想出一套由五個問題構成的題組，每當 Salesforce 要做銷售或未來營運的相關決策時，他就會拿出來運用，好讓團隊退一步來看。這些問題是：**我們真正想要的是什麼？對我們而言真正重要的是什麼？我們要如何得到？什麼因素阻止我們擁有？我們怎麼才能知道自己已經擁有？**這五個問題的序列題組讓每個人都回過頭來重新思考願景（vision）、價值觀（value）、方法（method）、阻礙（obstacle）和衡量指標（measure），也因此，他們把這些詞的字首組合起來，將這套方法稱為「二 V 老媽」（V2MOM）。貝尼奧夫在訪談中告訴我：

在創新流程中，涉及大量的提問，接著是傾聽。Salesforce 的創業基礎是一個很簡單的問題：為何商用軟體不能像書一樣，輕輕鬆鬆就能從亞馬遜網站上買到？之後，我們不斷推展這個問題。我們看到人們如何在社交媒體上溝通與協作，也看到行動裝置愈來愈普遍，因此，我們問道：為何商用軟體不能像臉書的應用程式一樣？幾年前，我們看到消費用應用程式愈來愈聰明，於是我們問道：我們要怎麼樣才能讓**商用軟體**變得更有智慧？我們

觀察世界上發生的事，自問：我們如何用新方法來應用？

　　歐哈納之地有開闊的空間與讓人屏息的海陸美景；這是貝尼奧夫所做的嘗試，希望營造出適當的空間，讓大家更能廣泛提問。「如果你希望人們有不同的思維，」當我參訪其中一處歐哈納之地時，Salesforce「引爆團隊」的諾亞・富勞爾（Noah Flower）對我說明，「你就需要讓他們身在不同的地方。」在此同時，這家公司的創辦史也是明顯易見的提醒，在在告訴每個人這是一間以創新起家的公司，而且必須不斷創新。歐哈納之地並非專門保留給高階主管使用，而是每個人都可善用的資源。有人在使用時，貝尼奧夫希望他們能吸收當中的訊息：一切都從問題開始，請繼續發問。

　　對我而言，Salesforce 是一家很有趣的企業，貝尼奧夫則是一位很有趣的領導者，因為他在公司裡進行多層次的嘗試，以營造可以引發觸發性問題的環境條件。我現在提另一個好方法，附帶另一個好故事。Salesforce 有一套企業協作平台叫「聊聊」（Chatter），裡面有一個聊天群組叫「牢騷大鳴大放」（Airing of Grievances）。如果這聽起來不像公司正常來說會給內部社交軟體論壇使用的名稱，那是因為它是由最基層員工創造的。這裡會講的「牢騷」範圍很廣，從對公司生活各方面的抱怨、到工程師需要他人提供意見的難題都有。這件事是這樣的：當 Salesforce 裡兩個高階主管聽到關於此群組的風聲時，就對貝尼奧夫提過，並建議可能要採取一些干預行動，或許要打壓這個群組。貝尼奧

夫的反應，是要他們把這個群組動態投影在大螢幕上，讓他看個清楚。當他看到內容之後，馬上做了決定：「你們在開玩笑嗎？我需要這個。」Salesforce 的企業訊息事務資深副總裁艾爾·法吉翁（Al Falcione）告訴我，貝尼奧夫甚至養成習慣，當他在替 Salesforce 客戶的執行長做產品展示時，會把「牢騷大鳴大放」的頁面特別拉出來看。這麼做讓法吉翁有點心驚膽戰，他不止一次對貝尼奧夫說過：「馬克，你真的想要把這個頁面放在螢幕上嗎？你根本不知道此時此刻大家會抱怨什麼，你要讓其他執行長看到這些？」但他說，貝尼奧夫的態度是「這就是我現在和公司保持連結的方式。我承受得住，還可以從中知道大家的難題是什麼」。這給了他寶貴的連結感，他希望其他執行長了解，只要在公司裡安裝「聊聊」，他們也可以營造出這種感覺。（大家聽完這個故事後，如果覺得 Salesforce 的員工大鳴大放時不知道大老闆在看，那可和事實差遠了。貝尼奧夫偶爾會插一腳發表意見，釐清事實並消弭疑惑。他在自己的推特帳號〔現在追蹤人數已經破百萬〕上說：「我最喜歡的 Salesforce 內部群組就是『牢騷大鳴大放』！」）

Salesforce 仰賴幾種外力運作，好讓問題源源不絕。在多數公司，要運用如「問題大爆發」等演練讓員工參與非自然的行動，請他們提出更多問題，是一大挑戰。Salesforce 到處都在使用這類技巧，而貝尼奧夫有一項更重大的使命，他想要把「讓大家提問」變成規則，而不是偶一為之的例外。他在各處營造環境條件，讓他自己和同事們可以自然提問，而不是必須在特殊情況下

才能做的事。

　　我要說的是，我在皮克斯、亞馬遜、安永以及嘉信理財遇到的那些人，也是一樣。他們並未心存幻想，反而很清楚要在公司裡廣泛營造出特殊環境、不同於員工在生活其他部分或其他職場的經驗，極其困難，但這些領導者居於擁有廣大影響力的地位，也都知道自家公司的未來仰賴創新，而這也是他們努力不懈去做的事。

提問以及其他

　　製片公司皮克斯帶給世人許多經典之作，例如《海底總動員》、《可可夜總會》和《超人特攻隊》；在艾德‧卡特莫爾的領導之下（他自公司創立以來便在此任職，目前是皮克斯與迪士尼動畫公司的總裁），這家公司是另一處極適合提問的環境。我有個機會在加州艾默利維爾（Emeryville）待上一段時間，和皮克斯公司的員工聊聊，看看他們的某些流程與實務操作。我的結論是，這裡的觸發性問題平均數比其他組織高很多。卡特莫爾很努力，這也激勵了領導階層裡的其他人，從一開始就投入打造坦誠文化。然而，即便有這些廣泛的奠基作為，卡特莫爾其實也很清楚，要大家開誠布公提出觸發性的問題是非常困難的事。因此，他和其他人特意加入特定、條理分明且帶有目的性的環境場景，好讓創意提問源源不斷。

圖 3-7 在皮克斯的停車場走一趟,很難不去想這部車備胎蓋上之後會出現哪個新電影角色。

圖 3-8 丹恩·斯坎倫(Dan Scanlon)是電影《怪獸大學》的導演,他和我分享了一些業內消息靈通人士的智慧:「處於早期發展階段的電影,仍是要小心翼翼防風的小小蠟燭,因為它們還沒成為燎原的大火。」

圖 3-9　這是世上最大型的盧索檯燈（Luxo），請每個人在進入史帝夫賈伯斯大樓（The Steve Jobs Building）之前先停下來問一問：「等一下，這是怎樣？」

圖 3-10　身為訪客的我，看到這個櫃子裡擺滿了在陽光下閃閃發光的奧斯卡獎座，真是下巴都要掉下來了。每一座獎都說明了如何利用無數的觸發性問題來營造扣人心弦的故事線。

圖 3-11　一日將盡之時的皮克斯橋，讓人想起巴斯光年的口頭禪：「飛向宇宙，浩瀚無垠」。

　　皮克斯的「腦力信託」是一個絕佳範例。在製作電影的過程中，導演會自願來到一個空間，此時的全部重點，就是要從同仁身上得到原始、純粹的回饋意見。這很可能變成一次讓人喪氣的經驗，因為皮克斯人都有著強烈的信念，認為導演拍出的電影故事線應該要有或者是能醞釀出情緒張力。從過去的經驗來看，這項元素能創造出最好的電影，但這也意謂導演得暴露出內心深處的脆弱。有一位製作人告訴我，他的導演群經歷了「腦力信託」討論之後，「我們花了約半小時做簡報，之後，我請導演當天就回家休息。他們很需要，因為這很難消化。就算他們知道會有這種情況，但這些情緒仍帶有濃濃的個人性，而且很難承受。」

一場回饋討論讓人必須離開辦公室回家休息，聽起來好像很殘酷，但實際上並不然，因為每個人都知道「腦力信託」討論是很特別的場合，適用不同的規則。討論室裡的每個人都知道，提問時必須秉持著盡全力做出最佳創意商品的精神。「腦力信託」中納入了很多審慎的設計思維，使得這成為一套能尊重並善用導演在專案中投入的情緒的流程。

　　除了「腦力信託」之外，皮克斯也設計其他別有用意的空間與地點，以開啟機會尋找創意提問、洞見，希望最終能形成影響力。有一項已經舉辦過幾次的重要活動，名為「筆記日」（Notes Day）。背後的靈感是電影界由來已久的傳統，片廠高層人士會定期要求檢視一下拍攝中的電影，他們會以「筆記」的形式提供回饋意見。「筆記日」借用這種大家都熟悉的操作方式，但進一步擴大，著眼的不是單一產品，而是評估片廠整體能否進行重大的調整或整個改寫。「筆記日」也是源於一個問題，聽到這一點你可能不會覺得訝異。電影《勇敢傳說》（Brave）背後的製作人凱瑟琳・薩拉芬（Katherine Sarafian）對我說起一件事，某一天，皮克斯的資深領導群前往加州索薩利托（Sausalito）的大型會議中心卡瓦洛岬飯店（Cavallo Point），討論公司能否在管制成本上做得更好，同時緊盯其他營運議題。「當天是二〇一三年一月十九日，我們就在那天醞釀出『我們何不把腦力信託的做法套用到全公司』這個想法，」她回憶道，「如果我們讓公司關門一整天會怎麼樣？讓公司裡的每個人都去思考會怎麼樣？這個會怎麼樣，那個會怎麼樣；啊，等等，我們就做吧！」[3]

會議室裡一開始提構想的人是皮克斯的軟體研發主管蓋多‧克隆尼（Guido Quaroni），但很快就變成薩拉芬的工作，她要負責實現；她說，自二〇一三年三月舉辦活動以來，她實際上「是把自己的事業建立在履行『筆記日』的承諾上」。當她回顧過去所完成的成績，她覺得很多方面都可以做得更多。公司基本上已經根據員工的想法落實了幾百項的正面改革，但二〇一三年最初那一場異地培訓活動議程上的某些重大議題，仍尚未解決。無論如何，她還是很自豪「在那天留下了印記。就在那天，我們把問題和提問置於公司最重要的地方」。她說：「我們把公司關起來，我們談著：『我們帶著全副的好奇心，只想知道要怎麼樣才能把工作做得更好？怎麼樣才能經營得更好？怎麼樣才能更有效率？』」薩拉芬說，這一路上，她自己也更清楚問題的力量，並更常和自己領導的團隊一起善用問題；這並非偶然。她說，她看到了「正面的結果與成績，而且背後的根據不是找到答案，而是一套極具卡特莫爾風格的流程，一層層剝開難題，並提出問題與探詢。」

這段話也剛好講到我此時要提、關於皮克斯的最後一個因素：這些領導者以身作則成為公司內部其他人的典範，展現了無可否認的影響力，我們可以將此解讀為成功的關鍵。能隨著時間打造出提問文化的力量，不只是「腦力信託」或是「筆記日」等特定做法，而是真正相信問對問題很重要的領導者持續施加的正面壓力。正因如此，才帶領皮克斯公司以提升創意和挑戰假設為名，進行多項實驗；當中雖然只有一些做出成績並站穩腳跟，

但是，這些實驗總體來說提高了公司的提問商數（questioning quotient）。皮克斯最讓我刮目相看的地方是，這家公司已經創業三十年，但艾德·卡特莫爾卻一直認定他還未竟全功，還沒在公司裡打造出長期提問機器。皮克斯這家企業向來浸淫在創意思考的基本價值裡面，成敗完全繫於產品的原創性，但即便如此，卡特莫爾知道，仍有必要特意打造出某些空間與地方，而且，皮克斯人必須明確並齊心努力，不斷帶動有利於提問的作為。

 ## 安全的不安全空間

問題之所以能在我描述的這類地方冒出頭來，是因為無論變革大小，改變一般性的環境條件後會發揮幾項關鍵作用：透露出信號，指向提問是值得重視的重要活動；強迫人們花更長的時間讓心智處於提問架構下，之後再去搜尋答案；以及，讓人從閉門造車中抽離出來，拓展看待難題的觀點，並從不同角度檢視。在一個對於可能造成破壞的思維與思考者都不太友善的世界裡，刻意建構這類的空間，是為了讓人能安心提問。

「提供安全空間」的概念是一個重大議題，而且並非全無爭議。許多人很抗拒這個詞，這通常和渴望受到保護、不受不同的政治立場挑戰有關，在大學校園裡尤其常見這種情況。更麻煩的是，這個詞有時候指向要擺脫其他不同種族、族裔或宗教背景的人。《洛杉磯時報》（Los Angeles Times）一位專欄作家就提到：

「學生經常要求受到保護，避免接觸校園裡讓人不安的想法（這就是所謂的觸發警告〔trigger warning〕②），現在幾乎已經到了等同於要求實體區隔的地步。很多團體都主張，他們的福祉取決於是否能和同類人一起生活。」[4] 這類想要活在泡泡當中或僅想要和聲氣相通者接觸的群體渴望，和我在這裡談的那種安全空間完全相反。我大力支持的，是讓人們敢於接收牴觸既有觀點資訊的地方，他們受到觸發而想到的問題（這些問題很可能被認為是叛逆、惱人或古怪的）也可以在這裡大聲說給別人聽。這些是供探索的空間，而不只是安全的舒適圈。

有很多人極善於創造安全空間以供提問，其中一種是團體心理治療師。《團體心理學能力》（*Specialty Competencies in Group Psychology*）的作者莎莉・巴洛（Sally Barlow）便是這一行的佼佼者，她不斷思考如何創造出適當的環境條件，好讓她的客戶可以用嶄新觀點來看自身的挑戰，找到更好、更有益的路徑。當然，這有很大一部分靠的是她自己精心設計的問題，然而，一旦尋求諮商的人領悟到自己並未用有益的方式去建構自身的問題，此時也常常是突破出現的時刻。她告訴我，有一位參與團體治療的女性希望了解「為何大家都不喜歡我？」。這必定是個在團體情境中難以說出口的問題，但也證明了巴洛確實創造出一個空間，讓這位女士可以把話說出口。此外，一旦案主大聲把她的問題說出

來之後，團體中的其他人也紛紛提出其他問題。有一個人注意到，這位女士在這次治療時段有個舉動很擾人、讓人很不快。她有沒有注意到自己的行為舉止太過分了？巴洛說，這位女士離開時提出另一個問題，截然不同於一開始的問題：新問題是「我要如何才能知道我無意中做的事會讓別人避之唯恐不及？」。用這種方式建構問題，讓她有了著力之處，巴洛說，她因為這樣而「確實有所改變，開始注意到自己對別人造成的衝擊」。

如果說管理圈對於「安全空間」一詞比較無感，這完全是因為艾美・艾德蒙森（Amy Edmondson）所做的高效團隊動態研究；她是《無畏的組織》（*The Fearless Organization*）的作者。她所做的研究後來被人廣泛引用，她在研究中調查並追蹤一家大型製造業公司裡五十一個工作團隊的表現，發現在學習與工作績效面向表現最佳的團隊有共同的行為模式。這些結論讓她發展出「團隊心理安全」（team psychological safety）概念：「這是一種團隊成員共有的信念，認為這個團隊很安全，在人際互動上可以冒風險。」艾德蒙森說得很清楚，團隊心理安全「並不等同於團體凝聚力；研究指出，凝聚力會降低人們不同意與挑戰他人觀點的意願，比方說我們常在團體思考現象中會看到的情形。」安全也並不單指團隊要寬容或有「緊密的正面情感」；覺得安全的關鍵是，要有「一股信心，相信團隊不會為難、排斥或懲罰把話說出口的人」。[5]

是哪些因素導致某些員工比其他人更有生產力或更能創新，向來是管理學研究上常被提出的問題，相關的研究結論也經常指

向人際互動的動態。舉例來說，一九五〇年代，正是美國電報電話公司（AT&T）研發部門的貝爾實驗室（Bell Labs）輝煌之時，提出了許多突破性的創新。其中一位科學家查平‧卡特勒（C. Chapin Cutler）日後回憶起公司專利部門比爾‧克福沃（Bill Kefover）講的一段話，後者提起一件軼事：

　　專利部門的人曾經做過一項研究，想要知道是什麼因素決定創新？深富創意的人到底有哪些特質？我們研究這些人，想找出他們與眾不同的理由。我們在宗教方面沒有找到共同點，在學校或教育背景方面沒有找到特出之處（雖然他們多半來自比較好的學校，但四面八方都有），還有，喔，髮色、背景這些等等也沒什麼好說的。我們唯一找到貝爾實驗室創意人看來共通之處是：他們有時候會和哈里‧奈奎斯特（Harry Nyquist）③共進早餐或午餐。

　　卡特勒一直記得這件事，因為他自己也和奈奎斯特一起吃過午餐，他認為這一點很有道理。「奈奎斯特滿腦子都是點子，滿腦子都是問題，」他說，「他會引導別人，讓人去思考。」[6]
　　較近期，一項針對某家創新公司員工所做的研究得到很多關注。這是 Google 的「亞里斯多德專案」（Project Aristotle），花

NOTES

③　譯注：哈里‧奈奎斯特是貝爾實驗室的工程師，對基礎通訊理論迭有貢獻。

費多年時間研究幾百支內部團隊，以精準找出導致某些團隊很出色、某些卻不然的差異因素。《紐約時報雜誌》（*New York Times Magazine*）報導，相關結論讓研究人員大感意外，因為重點不在於最聰明或最努力的員工身上。最能預測團隊成敗的因素，是心理安全度高不高。[7]

 ## 為自己與他人營造條件

在本書前兩章中我主張問題是開啟洞見的關鍵……而且，我也說到，遺憾的是，我們並未對問題投以必要的關注。確實，我們心中的問題被壓抑，我們自己也壓抑了問題。我也指出，問題在某些地方顯得生氣勃勃，是因為有人特別營造出適宜的環境。本章便是進一步闡述上述看法，說明能讓問題生氣勃勃的空間**普遍都有不同的環境條件**。我在這方面要提出的最後觀察，是個人可以用三種方法讓自己進入這類有益的環境。

第一，人們可以特意去尋找更多有利於提問的條件普遍可見的場合。以個人來說，教練輔導或治療、研修長假甚至是露營遠足，都可以成為外力作用，營造不同於一般運作的日常環境條件，開鑿出有利於提問的空間。舉例來說，我的朋友穆琳・琪凱特（Maureen Chiquet）是奢侈品牌香奈兒的前執行長，更早之前則是蓋璞（Gap）以及香蕉共和國（Banana Republic）的總裁，她說了一個故事，講到她某個週末脫下絲質內裡的斜紋軟呢套裝

來到馬場，馴馬師教她認識何謂「『馬』生教練」。讓她大爲意外的是，這次的經驗給了她極深的感觸，讓她對自己的領導者角色產生很多重要的疑問，這使得她帶著其他資深領導者一起踏上爲期多年的領導探索之旅，其中一項演練就包括了帶著他們重訪這座馬場。

其次，你可以在自身周圍營造這些環境，不僅有利於己，也可以嘉惠他人。二十年前，我帶領我的企管碩士班學生轉向提問模式，就是在做這樣的事，自此之後，我也學著不斷精進，和其他群體合作時愈來愈好。羅德·卓歷（Rod Drury）創辦了總部設在紐西蘭的賽洛（Xero）公司，這是世上成長最快速的軟體服務公司之一，他也利用企業社交媒體工具替同仁創造出這類空間。他不限制自己只能去讀他人的貼文，他也分享自己的策略性想法和市場情報片段，並鼓勵組織裡的任何人（甚至是十分鐘前才加入組織的新人）也提問題、給觀點或要求消除已經不符現實的假設。

任職於安永的麥克·印瑟拉（Mike Inserra）大力支持「反向明師制」（reverse mentoring），這種做法把前述的概念推到更豐富、面對面的層次。他說，近年來他已養成習慣，特地撥出時間並安排空間向組織裡的年輕人學習，這在許多層面都改變了他的思維。他說，事實上，這「重新設定了我的思考過程」。能有這番效果，是因爲他眞的很努力去理解年輕人提出來的觀點，即便「說實話，他們提出的某些觀點我無法自然而然接受」。印瑟拉不會跳過某些人可能斥爲不成熟的想法，他說：「對話過後，

你必須接收、消化，然後再回過頭來；因為理性上我或許懂了、聽到了，但由於沒有他們的經驗，所以要花較多時間處理資訊，並真正去思考其中暗藏的後續問題以及未來步驟。」印瑟拉在我們的對話中提到，很多經理人都習慣告訴屬下：「除非你已經有答案，否則不要帶著問題來找我。」他反而會對員工說：「你有問題的話，隨時都可以帶著問題來找我，但同時也將尋找解決方案的**思考流程**一起帶來。」這一點很重要，因為，首先，這讓對方培養出解決問題的態度，說到底，這種態度「是一種後天習得的行為，你可以靠著不斷琢磨而更加精進」。其次，當某個人帶著他們解決問題的方法來找他時，很可能也讓他本人用不同的想法來看問題。他說：「根本上，這會創造出環境，讓人們可以展現出不同觀點，之後反覆論述這些觀點，試著達成共同的結果。」

第三，如果你很難輕易改變每天出入的環境，你可以順應著環境條件，去承擔比較多的錯誤，把錯誤當成純粹是個人觀點。這和「用心」概念有點相似，這是主動去認知並關注當下所發生的事。你可以純粹憑著你的意志，拒絕向壓抑你的想像力與聲音的環境投降，你可以為自己創造提問空間。當其他人最了不起只能小心翼翼地縮頭拱背舉起手，不太敢提出自己心裡的疑問，你大可站得直挺挺的，大聲提出你的問題。你可以對著群眾提出嘗試性、帶有叛逆意味的問題，試著替你身邊的人以及你腦海裡的想法發聲。你可以把焦點放在改變你自己的態度、活動以及行為上。更具體來說，以改變態度而言，你可以做的是，先不要假

設你最初的直覺與預設的答案是對的，反之，請假設你可能有錯。以改變活動來說，你可以跳脫你習慣的地方，改為探索能挑戰你的地方，跳出你的舒適圈。若要改變行為，你可以壓抑你想要主張特定立場的衝動，多花點時間處於接收模式、而不是傳達模式。

以上三項建議不只是來自我的腦袋，我發現，我心目中那些特別有生產力的思考者都會這麼做。你在接下來三章會看到很多這類型的人，到時候我們會再來說明這些改變。

讓「問題大爆發」在你的生活中發揮作用

最近我和一家全球性非營利組織的執行長合作，進行高階主管輔導，我們先從一般的工作相關議題下手，但到了某個時候話鋒一轉，聊到了家庭。這位執行長很擔心他即將滿十三歲的大女兒。多年來，他都很珍惜自己和女兒的關係，但是，隨著青春過渡期真的到來，他感受到她的拒人於千里之外，為人父的他很擔心會失去這份親密的連結。我們決定花幾分鐘針對他的憂慮來做一次「問題大爆發」，以下是我們在四分鐘內一起想出來的問題：

01. 我是好爸爸嗎？

02. 我是否做足了傾聽，還是我多半太過於想要解決問題／有所行動？

03. 我是否過度施壓？

04. 我是否關心過度或變成「直升機父母」？

05. 傷害最嚴重的是什麼？為什麼？

06. 她最擅長什麼？

07. 我有沒有對這一點表達足夠的認同（與讚賞）？

08. 她有哪些地方比你好？

09. 她有哪些和你互補的才華？

10. 你上一次靜靜看著她超過三十分鐘是何時的事？

11. 當她表達顧慮時，她的眼神是如何？

12. 你要如何慢下來、去看到你錯失的事物？

13. 從你的行程安排來看，對你而言最重要的是什麼？

14. 她最憂心的是什麼事？

15. 你有多了解她這個人？

16. 如果她不是你的女兒，她會是怎麼樣的一個人？

17. 她獨特的是哪一個面向？

18. 哪一個國家會讓她的人生出現最重大的改變？

19. 她的眼神何時會閃閃發亮？

20. 她結婚時你會怎麼做？為什麼？

21. 有哪些是她最獨立、不容我插手的領域？

22. 她最近從經驗中學到的事情是什麼？

　　這位執行長在檢視問題之後，馬上轉入更深刻的對話，談起父母該在女兒的人生中扮演什麼樣的角色典範。我記得我們談到有些父母在子女成長過程中干涉太多（甚至等到兒女已經長大

成人時也一樣），剝奪了年輕人的自我探索旅程。我們對話結束之時，他已經找到一個他認為很不錯的方法：「過去我把太多重點放在不要失去她，但現在我明白真正的問題是我該如何支持她，讓她自己成長並生氣勃發。我要讓她找到自我。」他這番歷經百般痛苦才浮上水面的洞見，讓當時的我流下淚水，現在的我亦然。

04

誰這麼愛出錯？

如果你沒有做錯的準備，
那你永遠都想不出原創的東西。

——肯恩·羅賓森爵士（Sir Ken Robinson）

網路理性（Cybereason）公司的共同創辦人兼執行長利奧·迪夫（Lior Div）花了很多時間假設他忽略了某些事，就算基本上他是錯的也沒關係，這麼做使得他很善於他所做的事，讓他想出反制網路犯罪的有效方法。網路犯罪是一個黑暗世界，充滿「你不知道自己不知道」的事，這裡有爲數衆多且難以捉摸的駭客，永不言倦地設計出新方法，破壞號稱安全的系統。如果說有任何問題領域需要嶄新的思維，這就是了。

　　所有的數據指出發展的方向錯了。研究網路犯罪現象的人指出，光是二〇一六年秋天到二〇一七年秋天這十二個月裡，發送欺瞞訊息給收件者的網路釣魚（phishing）郵件（如果對方點選連結，就以惡意軟體攻擊裝置），就增加了二十二倍。這類惡

意的連結將近有三分之二都設定成可安裝綁架軟體，讓人無法存取電腦裡的所有檔案，要等到檔案主人支付指明的價格之後方肯罷休。另外有百分之二十四是木馬軟體（Trojan），設計成竊取網路銀行的憑證。一位專業分析師預測，接下來幾年，網路犯罪一年造成的總成本將高達六兆美元。這麼一來，網路犯罪為犯行者賺得的利潤，要高於全球所有主要非法藥物的交易總量，調查研究機構網路安全事業組織（Cybersecurity Ventures）的史帝夫‧摩根（Steve Morgan）便說，我們正處於「歷史上最大的經濟財富移轉時期」，而「所有人在接下來的二十年都要面對其中一項最重要的挑戰」。[1]

迪夫的創新突破，源於他發現自己的專業多半放在一個錯誤的問題上。他說，每個人努力解決的難題，是想盡辦法把壞人擋在門外。但是，請注意這個問題中內藏的假設：壞人在外面。「但現實是，」迪夫對我說，「他們早就**登堂入室**了。在多數組織裡，我們在布署解決方案時，就會看到環境裡出現某個積極的對手。」體認到這一點，讓他問出一個非常好的問題：「如果你假設這些人已經進來了，你要怎麼辦？」重新建構問題之後開啟了一個完全不同的世界，要找的是不同的解決方案，因為你要做的事情變成以下這些：你監看大家在做什麼，你找出和別人不一樣的行動者有哪些特徵，然後拼湊出他們的意圖。這樣一來，你就不會只把網路犯罪當成資訊科技問題，並且不再只是拿出無望的回應式策略、只會不斷加高防火牆與丟出更多修補程式

而已。迪夫說：「我們要對付的難題，基本上不是以位元組為單位的電腦問題，而是**人**。螢幕後面的，是另有盤算的敵人。」聚焦在現實上、了解壞人正守株待兔要攻擊你，你的解決方案就會更偏重以下的事實：「這些人非常、非常、非常有創意，他們會試遍各種方法。」

網路理性公司根據這樣的思維創造出來的解決方案，是利用機器學習與人工智慧即時回應威脅，同時收集攻擊者以及其攻擊模式的相關情報並加以串連。這套方案大受讚揚，堪稱突破性的創新，但是，如果你仔細去想，這套方法不過是合理之舉罷了──當迪夫問對了問題，就水到渠成了。

我之後會詳談利奧‧迪夫的這個習慣，講他如何假設自己可能是錯的，以及這背後的故事，但現在我們只要知道他已經養成了這個習慣，而這讓他從不同的角度檢視難題，這就夠了。就因為這個習慣，不同的問題才能在一開始就鑽進他的想法裡；同樣的，也是因為這樣，他才停下來因應新的問題。他很樂見其他人也養成這個習慣。他把身為「挑戰者」（此名稱來自於這些人挑戰現狀）的同事當成自己要效法的典範；這些人「早上起床時會問問題，是因為他們知道，這個世界遠遠比他們看見的更大」。他們能有偉大的成就，因為他們永遠都在想有沒有其他更好的方法可以完成任務，或者還有沒有什麼是他們能做的，而且，他們「會對我們所做的一切打問號，永遠質疑」。

把錯誤當成一種環境條件

　　一個人如果堅持要做到（而且被他人視爲）絕對是**對**的，對於提問活動的打擊最大。當我們確定自己是對的，或者相信必須立刻做出決定、不可遲疑，我們就會跳入最唾手可得的答案，不再進一步提問。我們抗拒，不願啟動發掘的過程，還壓迫他人也封閉起來。

　　反之，如果我們知道自己某方面有錯誤，就不得不留在提問模式。如果我們正在嘗試的做法就是無效，我們不能自欺自己是對的，問題也會因此源源而出。

　　背後隱含的意義如下：如果我們在更多的生活與工作領域上慢下來，不要急著認爲自己是對的，反而多花點時間假設自己是錯的，就很可能會想到一些自己和他人都沒想過要提的觸發性問題，從而導出前所未見的正確答案。在本章稍後我會提到更多範例，這些人都刻意養成對自己和對別人都有用的習慣。他們的行事風格當中浮現出幾項共同點，第一，基本上他們特意去體認自己可能有錯。第二，他們讓自己更願意接納，去傾聽之前避免去注意或並未認眞看待的未確認證據以及其他帶有挑戰性意味的資訊。第三，他們會多花時間和別人交流，例如傳達不同觀點與數據的人，以及主動拿著他們錯失的事實來找他們的人。

　　我們就算犯了錯，也不一定會問問題；問題只會出現在比較罕有的場合，那就是當我們**認爲**自己錯了的時候。以多數人來

說，就只有在我們眞的遭受打擊，正面承認自己錯得離譜時，才會開始注意到有問題。有時候，問題則會在發現新資訊時凸顯出來，科學發現多半走這個管道。舉例來說，二〇一六年時，已有四・二三億年歷史的甲冑魚（armored fish）化石在中國出土，讓演化生物學家大爲驚異。這個化石隱含了一個意義，那就是所有現代陸生脊椎動物與硬骨魚源出於一群名爲盾皮魚（placoderm）的動物，《科學新聞》（Science News）報導「這項新發現……有助於重寫早期脊椎動物的演化史」。美國自然歷史博物館（American Museum of Natural History）的古生物學家約翰・梅西（John Maisey）對記者說的話更直接：「我們忽然發現原來全搞錯了。」[2]

在一般人任職的企業裡，多半都不會興高采烈迎接無知的出現，也無法這麼直截了當用證據來推翻過去的假設。我們在工作與日常生活中不見得能掌握到應該自承錯誤的信號，就算知道了，各式各樣的壓力，再加上自尊作祟，都會讓我們不根據信號行事。

舉例來說，安妮塔・塔克（Anita Tucker）和艾美・艾德蒙森所做的組織學習（organizational learning）相關研究，也提到了這個重點。研究的對象是員工受過高等教育的任務導向型組織，她們想知道這裡面有多少基本的錯誤和失誤。組織學習指的是一套流程，企業人員在這套過程中會注意哪些做法無用並嘗試用新方法把工作做得更好，同時據此不斷調校標準程序，讓企業整體變得更好、更能達標。但是，在塔克和艾德蒙森做研究的醫院環

境中，前線員工不會明確指出流程中的錯誤；由於缺乏回饋意見，長期下來也無法提升表現。爲什麼會這樣？

研究人員發現組織裡普遍存在一套強力概念，指引「理想員工」應如何行事，而答案就在這裡；很遺憾，概念中頌揚的行爲事實上有礙組織的學習。更糟的是，她們發現，理想員工準則並非這家醫院特有的怪異慣例；多數企業裡也常見這些準則。「舉例來說，」她們寫道，「多數經理人會認爲，理想員工是指能輕鬆處理任何迎面而來的難題、不去煩擾經理或其他人的人。」但如果那是一個因爲系統設計錯誤而反覆出現的難題，這種安靜行事的能力只會保證日後難題又再出現。那麼，從組織學習的觀點來說，「吵鬧申訴的員工反而才是理想員工，這些人甘冒風險成爲他人眼中無法應付裕如的人，對經理以及其他人大聲指出有狀況。」[3]

「吵鬧申訴的人」聽起來不會是你在履歷上想要特別標示強調的特質，也不是工作說明上會列出的相關資格，但是塔克和艾德蒙森甚至希望你不只是申訴而已。他們說，理想員工不是能融入環境、修補同事犯的錯，而應該是**多管閒事的麻煩製造者**，這種人會快速大聲說出失誤。以本章的重點來說，這些人是**有自覺的錯誤製造者**，他們不把心力花在呈現毫不出錯的形象，反而是公開承認自己的錯誤。而從核心來說，他們就是**造成干擾的提問者**，讓人沒辦法把他們放在一旁不管就算了。他們「不斷提問，而不是接受並持續投入現有的操作方式」。

我提到這項研究，是因爲此研究很強調群體創造出來的文

化;當一個人身在這種文化下,重點經常是不要出錯,矛盾的是,這反而讓他們無法做出比較正確的行為。本項研究強調,若要鼓勵你想看到的行為多多出現,就要營造適當的環境條件讓這種行為自然出現。要有人提問,才能改善職場裡的流程,這絕對成立,而我還要加一句,要有人提問,才能在工作或生活中帶動正面轉變。

如果你想找到檢視難題的新角度,寄望能馬上找到突破性的解決方案,就不能強迫自己時時刻刻都展現出極稱職的樣子。要讓對的問題浮出檯面,你要花點時間去感受錯誤。

 ## 陳腐的心智模式

我曾和幾個很有想法的人談過擁抱錯誤,其中一位是亞馬遜的高階主管傑夫‧魏爾克(Jeff Wilke)。大學時代,他一度對於創意思考者如何更新自己的心智模式(或者,有些人喜歡說這叫捷思〔heuristics〕)很感興趣。基本上,人對於事物如何運作自有很多假設,這讓我們在很多面向可以啟用自動導航模式,把大部分的注意力用在真正需要新思維的事物上。問題是,心智模式也有自己的有效期限,要找到方法去修改、更新模式。

魏爾克相信,有兩大方式可以挑戰並重設心智模式,其中一種是透過「嚴峻考驗」的經歷。在這方面,他提起鑽研領導學的兩位學者華倫‧班尼斯(Warren Bennis)和鮑勃‧湯瑪斯(Bob

Thomas）所做的研究；這兩位學者的領域，是探討人如何因為嚴酷逆境而進入自省期，並因此脫胎換骨。在接受嚴酷考驗之時，人會被迫質疑自己所做的假設，更清楚他們重視的是什麼。這樣的澄清效應讓他們在未來能做出更好的判斷。另一種方式（沒這麼痛苦，也沒這麼仰賴外部事件）是透過特意練習提問來挑戰自己的心智模式。魏爾克總結道：「如果你從不問問題，從沒有經歷過任何新事物，從未接受過任何嚴酷考驗，你的心智模式就會變得陳腐。你無法培養出任何對世界的新認知。但如果你向外探求你不知道的事物，而且有犯錯的勇氣，有無知的勇氣，去多問問題，甚至在社交場合出醜，那你就可以打造出更完整的心智模式，讓你在人生路上走得更穩更好。」

魏爾克聚焦在心智模式，直接指向潛在錯誤所在的最深入層次；對我們來說，這是最難自我質疑的部分，但也是最寶貴的部分。說最難，是因為以下幾個理由：質疑心智模式不僅需要學習，更要拋棄之前所學的；這是我們最少練習去做的一種質疑提問；還有，這麼做會讓多數人根本沒有想過的深層資訊顯露出來。

季清華（Michelene Chi）做的研究，也點出了以上所有理由；身為學者的她，把焦點放在概念的轉變，或者也可以說是心智模式的轉變。她注意到，人對於學習新資訊的反應大不相同，端看他們學的是什麼。多數學習涉及的只是**加入之前不存在的新知識**，或是**填補之前的知識不足之處**。任何人對這類學習都不會有意見，因為這會讓人的知識更豐富。但是，有時候新資訊的作用在於修正「之前錯誤認知的知識」，因此，學習的效果就不

圖 4-1　我孫子和他爸爸一起去「第一天大樓」（Day 1）上班。[4]

圖 4-2　走廊上刻有賽車手杭特・費瑞葉（Hunter Freyer）提過讓人心生瘋狂的問題：「如果拿掉所有賽車規則，進行一場單純在車道上跑兩百圈的競速比賽，哪種策略會贏？且讓我們假設賽車手必須活下來。」[5]

圖 4-3　和奶奶一起在亞馬遜的球體總部（Spheres）一起往下看；這裡是一處創意雨林空間，希望能在這裡觸發出更重大的問題。

圖 4-4　和爸爸從「第一天大樓」一起下班。

是豐富人的知識，而是「改變觀念」。[6] 換言之：之前你錯了，現在你必須改正。這就讓人比較不樂見了，就算是微不足道的層面亦然；沒有人喜歡因為受到事實檢驗而被打擊。然而，當錯誤出現在更根本的理解層面（季清華稱之為「範疇錯誤」〔category mistake〕）時，會讓人更痛苦。

季清華進一步說明，人很難承認範疇錯誤（亦即有錯的心智模式），因為這個層次的想法通常對個人來說很好用。她說：「重新調整之前學到的假設這種事，很少出現在日常生活中⋯⋯因為，在日常環境中，我們的初始範疇分類多半是正確的⋯⋯」沒人會經常去質疑已經成為自身心智模式一部分的信條。雖然日常生活中少見心智模式當中有根本上的缺陷，但是季清華說，在某些領域，例如科學，這個層次上的錯誤是「頑強錯誤概念的最根本源頭」，固守錯誤模式的人會忽略了反常的重要性。在此同時，多數人並不知道，他們隨時隨地的決策行為都深受基本假設的影響。心智模式就像空氣中的氧一樣，不管我們有沒有意識到，都為人們提供了很重要的功用。

基本上，這裡要說的是，人無法自然而然看出自己的心智模式有錯誤。如果你希望別人（或自己）能正視出錯的可能，只能靠著把話說出口。季清華總結道：「人不會意識到自己需要在水平面向平行轉移範疇，這是因為現實世界中太少發生這樣的轉移了。」也因此，若要推動這類轉移，指引的起始點，「是先讓學生認知到他們犯下了範疇錯誤」，每當他們犯下這類錯誤時便要點出來。[7]

再回來聊聊利奧‧迪夫；現在我們都很清楚，要做到他（以及傑夫‧魏爾克、麥克‧印瑟拉和我遇見的其他人）在日常生活中所做到的事有多困難。他是明智的人，而且好學好問，很多人也是。然而，除了在他大致上已經理解的領域內收集更多資訊以外，他經常更進一步。他不僅填補心智模式中的不足，更挑戰模式本身。他說，他和同事們「每來到一個新環境，都試著不要先去預測會在這裡看到什麼……我們知道會有盲點，所以我們需要一些感知，去找出盲點在哪裡。」

當我問他如何養成這個習慣時，他居然可以明確地指明源頭，這一點讓我很意外。那是他小學三年級之時，他突然發現自己無法閱讀。原來迪夫有閱讀障礙，但由於他記憶力很強，所以之前沒有人注意到這個問題。這對他來說是一次雙重體會：「我不只發現我不能閱讀，我還發現大家都認為我**可以**。」無三不成禮，他還發現，到那個時候為止，他也以為自己能閱讀。他解釋：「沒人會對小孩說『閱讀』是什麼，我會要求別人讀點什麼，然後我看著天花板，也開始跟著『讀』出來。」當功課來到一定難度時，他才去正視他的這種閱讀方式可能少了什麼。經歷過這種「頓悟」時刻後，他就開始對付難題，在一年內補齊了大部分的閱讀缺失。

這場動搖個人理解的經驗，讓他留下長久確信的想法。到現在，他還是常常懷疑他可能沒掌握到某些重大原則、因此阻礙了他的進步，一如當時。他的非典型閱讀之路也教會他，就算有常見的路徑可以達成目標，那也不必然是唯一的路。他說：「光

是領悟到另有其他途徑以及難題的範疇比你想像的更大，就能讓你有不同的想法，而且不怕與眾不同。」回顧過去，迪夫說他覺得有閱讀障礙這件事算他幸運，因為「在我的世界裡……沒有人鼓勵你發問。那裡已經有了一套系統，你只需要根據系統行事。」他認為，如果他不是這麼小就需要去質疑自己對難題所做的基本假設，也不會培養出這個習慣。而，養成之後，他決心不要打破。

 ## 試著多多出錯

我所認識善於提問的人，他們也同樣會特意為自己營造環境條件，讓自己不那麼確定。這聽起來是一個很奇怪的目標，但是要達成並不難。方法之一，是去參與你覺得很難接受的活動以及身處你很難適應的地方，這讓你可以演練用不覺羞愧的態度面對無知，並開始把持續收集與處理資訊以評估自身所處情境這件事變成常態。你可以去上陶藝課或針黹課，被自己笨拙的手指嚇一跳（或者，以我來說，則是靠著舞蹈課來凸顯我的笨重腳步）。去探訪某個外國城市（或者，更好的選擇是住下來），想盡辦法搞懂地鐵。去參與節慶活動，親見讓你覺得訝異的藝術。

有創意的人知道他們需要用這種方法來自我敦促，以保有創意好奇心。史都華・布蘭特（Stewart Brand）是《全球目錄》（*The Whole Earth Catalog*）期刊的創辦人，後續還創辦過威爾

（WELL）網路論壇、全球企業網絡（Global Business Network）以及長遠此刻基金會（Long Now Foundation），我請教過他如何讓自己的火花不滅。他馬上用吉姆・哈里森（Jim Harrison）小說裡他最愛的名言來回答：「我每天都在想，我到底有多少事錯得離譜。」布蘭特說，他試著實踐這句話，每天都用期待能破解一些錯誤觀念來迎接新的一天。幾年前，我和思愛普公司的共同創辦人哈索・普拉特納（Hasso Plattner）提起這件事，他幾乎是大叫地喊出口：「我每天早上起床時也是這樣！」

　　願意著手去找自身錯誤的人，會特別努力去和會提點他們的人相處。皮克斯與迪士尼動畫公司總裁艾德・卡特莫爾就建議：「去找願意對你坦誠以待的人，找到之後，請把他們拴緊。」當然，說來容易做來難。理性上你可能同意身邊需要有些有智慧、有膽量對你說你的想法有誤的人，然而，一旦發生這種事，你可能會恨透他們。頗受歡迎的經濟學家提姆・哈福特（Tim Harford）便寫道：「諷刺的是，否定你的回饋意見，是你想像得到最有用的回饋意見。如果我犯了嚴重的錯誤，卻仍包裹在得意洋洋的自我滿足泡泡裡繼續前行，我會非常需要有個人來對我說我到底做錯了什麼事。當然，我需要的人跟我喜歡的人，並不是同一個人。」[8]

　　卡特莫爾對於要如何克服這股天生的抗拒好好思考了一番。他向來會敦促自己跳入他不知道自己不知道的領域，一直都在傾聽指向他可能錯失某些重點的微弱信號。然而，身為領導者的他真正發揮的影響力，是他成功將這些習慣推廣到皮克斯各處。與

大多數公司相比，皮克斯更注重創意。皮克斯面對的市場要的是創意娛樂，以寫作本書之時該公司已創作出來的二十部主打影片來說，皮克斯確實一貫地達成目標。卡特莫爾相信，維持此一表現的關鍵是坦率真誠。這是他最愛的詞彙之一，他一再一再提及「少了坦率真誠就會營造出功能不彰的環境」以及「坦率真誠對於我們的創意流程來說至為重要」。他清楚所有會造成阻礙的動態，全無迷思。

我提過，皮克斯會召集「腦力信託」來幫助員工，看看哪裡有錯。在這些高強度的腦力激盪時段鼓勵參與者辯證，而且要求大家提供回饋意見。卡特莫爾希望大家為製作中的影片導演提供「粗暴」的回饋意見。為什麼？他的答案如下：「這是因為，早期我們所有的電影都爛透了。我知道這是很粗魯的評論，但我選用這個詞，是因為較溫和的說法無法傳達最初的幾個版本有多糟糕。我這不是謙虛或低調。皮克斯的電影一開始不好，我們要做的事是拍出好電影，就像我說的，要『從爛透了變成沒那麼爛』。」我們在這裡看到的習慣，是從創意流程之始就把話說清楚。「我們可能完全做錯了。」對於任何特定影片來說，這句話或許成立，或許不成立，但卡特莫爾知道，要讓員工能接受有益的批評，就必須讓他們假設前述這句話成立。

我聽很多人說過，他們的「腦力信託」經驗很痛苦，但他們也很珍惜，因為這是拍出好電影所必要的。當皮克斯成為迪士尼動畫企業架構中的一環、而且皮克斯的領導團隊要擔起領導迪士尼片廠的職責時，他們決定的第一件事，就是把「腦力信託」

這套操作方式搬到新環境。總裁吉姆‧莫里斯（Jim Morris）對我說明，為何這種用合作方式提供回饋的活動（這看來顯然極具價值，以皮克斯的成就來看更是明顯）如此罕見。一般來說，電影導演之間的交流動態有很強烈的競爭色彩，他們競奪稀少資源，期待自己的作品在上映排程中能占到最好的位置。在多數情況下，如果某一部電影搞砸了，其他的製片人正好坐收漁利，因為他們的努力會因此更醒目，他們的影片也能順勢向前邁進。但皮克斯相反，這裡「比較像是一九三○、四○年代的老式製片廠，基本上每一個人都是員工」，而且在乎的是整體企業的表現。「皮克斯有很多很有趣的社會契約，」莫里斯說，因為「會議室裡的每一個人在某個時候都很可能成為這裡遭遇難題的人，當自己的電影有麻煩時，他們會需要這些導演幫幫忙。」因此，「不會有人進來是為了要打擊某部影片，他們進來開會時會說：『我認為這裡不對，或許可以用這種那種方式調整一下。』這確實讓人耳目一新，因為在好萊塢幾乎不可能這樣做。」

迪士尼動畫工作室也有一套基本上相同的做法，名為「故事信託」（story trust）。我和該公司的拜倫‧豪爾（Byron Howard）以及賈瑞德‧布希（Jared Bush）聊了一下，他們是《動物方城市》的導演，我聽到這部電影的情節在影片發展過程的幾年間一百八十度大轉變，實在有趣。他們兩位都很坦白，說這是非常痛苦的過程。布希說，以所有的電影來說，「身為製片，你必須投入自我。電影不只是產品而已，內容情節充滿了大量的情緒成分……因此，當你說『這就是我心底最深刻的那一塊』，

圖 4-5 賈瑞德‧布希（左）和拜倫‧豪爾一談到問題在他們的工作中有多重要
時，就像他們的動畫電影一樣充滿生氣。我告別他們之後大受鼓舞，學到
了一種充滿盡享歡樂的探問風格。

圖 4-6 華特‧迪士尼（Walt Disney）：「去做不可能的事是一種樂趣」，此話恰
好說明了皮克斯與迪士尼動畫工作室如何持續做出最頂尖的作品。

而你聽到別人說：『所以這部電影才糟透了。』你很難不覺得這就是人身攻擊。」幾個小時的意見回饋分享，會變成讓人很不舒服的經驗。「但到頭來，你知道你會從中學到什麼。」布希說：「有人會說出我從沒想過的事，所以啦，很怪的是，你很害怕，但你又很期待。」他說他自己的方法，是先試著預料大家會說什麼，因為他很清楚執行方面有哪些弱點。「通常我去參加這些會議時，我會想著：『我認為他們會針對這部電影提出這五點。』結果跑出**第六點**，你之前根本沒想到，最後卻發現這是更重要、更大或者更基本的概念。」

外人很容易把皮克斯與迪士尼動畫想成充滿玩樂的地方，時時刻刻開開心心的人們一起合作創作內容，讓自己和全世界的人們歡笑。但，他們是努力工作以展現創意的人，他們也很成功，就算他們相信自己天生具備正確的直覺，也很說得過去，因此，對他們來說，被別人質疑自己是否走在正確的道路上，最起碼也跟一般人一樣難以接受。

想要培養出時時懷疑自己可能出錯的習慣（而且錯誤不僅是在事實層面，更在於更深入的假設與心智模式層面），另一項有效的方法是教自己學會「認知偏誤」（cognitive bias）這件事。在現代的概念文化中，認知偏誤向來是一項重要主題，多本暢銷書有推波助瀾之功，讓大眾更了解認知上的怪癖與限制，例如丹尼爾・康納曼（Daniel Kahneman）的《快思慢想》（*Thinking, Fast and Slow*）以及理查・塞勒（Richard H. Thaler）和凱斯・桑思坦（Cass R. Sunstein）合著的《推出你的影響力：每個人都可

以影響別人、改善決策，做人生的選擇設計師》（*Nudge: Improving Decisions About Health, Wealth, and Happiness*）。舉例來說，有一項很重要的認知偏誤叫做確認偏誤（confirmation bias），這是指人很習慣去看自己想看的東西。我們建構出一套假說，認為這個世界是怎麼樣的，也會更容易去注意並記住有助於確認這些假說的證據，同時忽略身邊指向相反才對的例證。這並非刻意不承認帶有挑戰性的數據，而是一種出於無意識的現象。這是多種認知偏誤之一；有些人嘗試列出各種偏誤，可多達百項。

如果你花時間閱讀很多文獻，你會明白根據本能行事其實非常愚昧。我訪問過創業家羅德·卓歷，他創辦的賽洛公司是一家總部設在紐西蘭的軟體公司，他用一種很有趣的方式來說明認知偏誤如何影響他的決策。「我很欣賞喬治·康斯坦扎（George Costanza）④ 的管理理論，」他對我講起喜劇影集《歡樂單身派對》（*Seinfeld*）裡很有名的一集，「他說，如果你所有的直覺都是錯的，那麼反其道而行就必然是對的。」卓歷就用這一點來敦促自我，用更多的創意來思考。他知道，這對一家想要直接和歷史悠久的大企業競爭的新創公司來說，尤其重要。這麼做不但給了他新穎的解決方案，而且這也意謂「我們的行動和市場上現有競爭對手預期我們會做的事剛好相反」。

覺醒不落入人類心智常見的錯誤，這麼做的價值部分來自於

NOTES

④ 譯注：喬治·康斯坦扎是下述影集中的人物之一。

讓你更能從思考者的角度去反省自己的傾向。無論老套的左腦／右腦理論是否成立，神經科學界過去十年來都大大揭露了人類的心智流程非常奇特，「神經典型」（neurotypical）⑤已經成為一個近乎無意義的詞。一旦你理解人類在處理資訊與將學習轉化成行動時有多少不同的傾向，就會明白超乎你意識的更深沉動態很可能會妨礙你對事實的認知。

 ## 查核你確信的事物

暢談人如何因為限制認知的習慣而受到干擾的書大受歡迎，如今我們也活在一個容易取得資訊、可輕易揭露自身多數錯誤的時代，但是，現代社會某些觀察家很憂心人們實際上比過去更**不願意**懷疑自己有錯。他們注意到，現代生活中有愈來愈多的數位媒介，這也讓我們更有能力篩選，包覆在僅會強化我們內在假設的資訊裡面，排除會挑戰我們的訊息。[9]

比方說，查克‧克羅斯特曼（Chuck Klosterman）就提出這樣的觀點。克羅斯特曼是一個樂於打破窠臼的人，他的暢銷書裡的文章總是毫不遲疑提出強烈觀點。他在書裡宣稱：「我對於現實的認知完全關乎我個人，和我腦袋之外的世界發生什麼事幾

NOTES

⑤ 譯注：意指普通人。

乎不相關。」[10] 而我很喜歡他某一本書的開場白，第一句話是：
「我一輩子多數時間都花在出錯上。」[11] 他說明，他認為在這
方面他並不孤獨。他提到，文明發展的整套劇情，就是重複發現
過去導引人們的某些信念、假設或傳統智慧大錯特錯。但是，當
人們認為這些東西是對的之時，從來就不去懷疑，就這樣過日
子。或許有人以為，隨著時間流逝與歷史紀錄不斷累積，人應該
會更願意承認自己堅信的事物到頭來可能完全不對，但克羅斯特
曼的書《如果我們錯了呢？》（*But What If We're Wrong?*）說剛
好相反，並把矛頭指向一種「現代確信文化」（modern culture of
certitude）。他很擔心「我們愈來愈朝向……意識形態發展，讓
人確定自己相信的事情是對的。」對抗確信文化很重要，因為這
種文化「會綁架對話並阻礙概念想法發展。這會形成一種錯覺，
把事物簡化，而這對於內心執拗的人有利。」

羅傑・馬丁（Roger Martin）也提出類似論點。馬丁是多倫
多大學羅特曼管理學院（Rotman School of Management）前院長，
也是馬丁繁榮研究機構（Martin Prosperity Institute）的創辦人，
他早期是以策略顧問為職，為財富五百大（Fortune 500）企業提
供建議。他見證了數位網路的興起如何改變了企業決策與經濟政
策決定。現在普遍的想法認為人們的觀點愈來愈極端，但他針對
這個問題提出一項不同的思考點。「我想，任何針對不同意見所
做的審慎分析都會指出，現代人的立場並未比二十五年前、五十
年前或是七十五年前的人更對立或差別更大，」他說，「但可
討論的是，人們都更確信自己的觀點。人愈是確定自己的想法是

對的，就算歧見僅有小幅差異，也會愈難找到更好的方案去化解。」因此，重點不是社群媒體時代的人抱持更極端的意見，而是人們已經失去質疑觀點以及根據質疑成長的能力。「如果你很確定自己看見的是『真相』，」他提到，「那就根本不會試著去找更好的解決方案，也會陷入只能非此即彼的困境。」

這對馬丁來說尤為重要，因為這和他很看重「綜合型思考者」（integrative thinker）有很大關係。他在《別在夾縫中決策》（ *The Opposable Mind* ）一書裡寫道，最創新的思考者具備「腦袋裡能掌握兩種對立想法的能力」。他說，某種程度上他們「不會恐慌，不會妥協於二選一，他們可以提出優於任一對立想法的綜合體。」我們很容易就可以看出來，如果太過確信任何一方，綜合體就行不通。

現在，既然我已經提過羅傑・馬丁了，也正好適合來說一個他提過的好故事，那是關於他如何因為願意承認自己錯了而經歷的一次突破。這件事發生在他從事顧問業的早期，當時他是一位聰明過人的專案經理，為世界幾個最知名的品牌提供數據、分析與建議。他對自家專案團隊的扎實研究很有信心，交給客戶的巧妙包裝、論點無懈可擊的建議也讓他自豪。問題是，一次又一次，他（在幾個月後）注意到原來的問題仍然存在，決策也仍然延宕。客戶的管理團隊並未根據他的建議去做。

馬丁並未撒手不管，認為這又是一個無望改變的客戶，在某個時候，他開始質疑起自己的假設，去思考一個好顧問該做什麼。可能是他做錯了什麼嗎？他本來滿滿的確信出現了裂縫，使

得全新的問題得以在他的腦子裡冒出來。他向來用一個看來顯而易見的問題來處理每個專案：**要解決客戶的難題，答案是什麼**？現在，他在想，另一個問題是否比較好：**我要如何幫助客戶的管理團隊找到答案**？他重新認知自身的角色，他要成為促成解決問題的人、而不是帶來更佳解決方案的人，這讓他開始改變整套做法。根據他找到的新洞見，他編製了一些可以用在流程裡的新問題，這些問題會開拓空間、讓團隊得以創意思考，並幫助他們用學院派、有效益的方式來測試概念。他最喜歡的問題（現在也是我最喜歡的問題之一）是：「要讓我們所考慮的選項能夠大大發揮功效，需要哪些條件？」馬丁認為光是這個問題就帶來大幅改變，提高了客戶成功的機會，因為這讓人能在小組討論時不斷琢磨想法，又不會使得提出原始想法的人覺得直接受到挑戰。[12]

體會到這番領悟的好處，是讓一個人學著愛上「恍然大悟」的時刻。他們會樂於享受這樣的體驗，因此開始探究其他領域，看看自己是不是同樣也犯了錯或是忽略了某些重點。這讓我們養成另一個創意提問者都具備的習慣：發現錯誤時（可能是因為他們嘗試的做法無效），他們不會急著掩藏或是逃開以保持距離，反之，他們會仔細檢視。這就是「擁抱失敗」這一派的想法，我們在這裡不須多做解釋，在創新領域裡，這方面的文獻早已經過仔細爬梳整理了。而我想強調的是，深富創意的人不會只是把這些門派名稱拿來說說而已，他們還會身體力行。比方說，美國塑身內衣品牌思潘絲（Spanx）公司的創辦人莎拉・布蕾克莉（Sara Blakely）就說了，她和團隊會談時經常把自身的失敗拿

出來講，因為她想要營造出讓人們無懼於測試新想法的氛圍。她甚至花下大把時間，在全公司性集會中站上舞台，說明自己犯了哪些錯。這是很歡樂的演講（講述每個錯誤時都會搭配一段音效作為主題曲，比方說小甜甜布蘭妮的〈愛的再告白〉〔Oops! . . . I Did It Again〕），但訊息穿透人心。利奧・迪夫對我說，在評鑑網路理性公司各部門的失敗時，他很努力要讓大家更能安心接受失敗。他們嘗試過多少新事物，其中有多少沒有結果？他說：「如果員工失敗得不夠多，就代表他們不夠好。」因為這顯示他們都在打安全牌。

人很難多花時間犯錯，原因之一是犯錯會讓人冒上看起來很笨的風險。也因此，當你看到一個人問很基本的問題，有時甚至是聽來笨到讓人覺得尷尬，這便是他準備接受自己可能有錯的好徵兆。阿卓安・伍卓里奇（Adrian Wooldridge）是《經濟學人》（*Economist*）雜誌的資深記者，他跟我說了一段他人生的契機；當時他還是資淺的記者，下定決心要向最出色的人學習。他因緣際會認識了鮑勃・伍德華（Bob Woodward），並開始關注對方的工作模式；伍德華是讓一九七二年水門事件（Watergate）爆發的傳奇兩人團隊其中之一。他很快就發現，伍德華會追問消息來源，他提的問題讓人覺得他根本對於正在調查的事件毫無頭緒。伍卓里奇覺得伍德華的行為有點丟臉，但很快就明白自己不應該這樣。正因為伍德華沒有透露任何既有的探問路線，受訪者才會經常對他說出一些真正讓人大吃一驚的情報。

當我在和主持仿生實驗室的科學家傑夫・卡普對談時，想起

了伍卓里奇的話。卡普告訴我：「我在實驗室會議上提出的問題，有很多都是很簡單的問題，或是讓我能想辦法去了解我們做了什麼以及數據實際上有何意義的問題。」他這麼做，一方面是因為他真的需要了解這些事，而且他也很重視小組簡報，把這當成一個機會，「讓實驗室裡的人知道，我經常不知道一些事，而且正努力了解情況如何。」他認為，圍坐在會議桌的人，不管懂不懂目前正在進行的簡報，很多人都可能有難以弄清楚狀況的時刻，「但他們不一定會說出口。」藉由顯露自身的脆弱，他希望能營造出適當的環境，讓每個人都認同一件事：「我們應該努力去理解，不要只是呆坐著不提問。」

要系統化

如果你真的想聽一聽深明錯誤所蘊藏的威力的人有什麼看法，那就讓我來說說我的嘉信故事。說到抱持懷疑與徵求新問題，嘉信理財集團的執行長瓦爾特·貝廷格（Walt Bettinger）可說是我見過最特意這麼做的執行長了。他堅信「成功的高階主管與無法成功的高階主管差別不在於決策品質。每個人大概都能做出百分之六十、百分之五十五或差不多比例的好決策，成功的高階主管會更快速發現剩下的百分之四十或四十五錯了、並加以調整，失敗的高階主管卻總是固執己見，就算錯了，也要想盡辦法說服別人他是對的。」請花點時間想想這段話。如果你真的相信

高階主管群中的優勝者是最快發覺自己哪裡有錯的人，這應該能給你一些動力去找到自己的錯誤。在我和貝廷格交流的過程中，我至少學到五種他在這方面的系統性做法，以及他確實奉行的紀律。

他要求直接向他彙報的部屬要提出「直言無諱的報告」。這不只是修辭，而是現實：他有一套制度化、一個月兩次的觀察重點，並分成五大標題（其中一項是「哪裡出了錯？」）。每個人都知道自己要交出「直言無諱的報告」，而且，每個人都知道，如果誰被貝廷格開除丟了飯碗，大概是因為某個醞釀已久、但是「直言無諱的報告」上面從來未註明的問題終於爆發。無須意外的是，要求提出「直言無諱的報告」這套做法也層層往下傳。

他會從不同的觀點查核。各個問題都有觀點各有不同的利害關係人，比方員工、企業主、分析師、客戶等等，貝廷格嚴格要求自己，要定期聽到每個陣營的聲音。舉例來說，他經常會去訪視總部之外的工作點，並認真提高自身的親和力。

他會向別人解釋為何他要仰賴他們教育他。他知道很多人會很猶豫，不知道該不該提供他想要的「坦誠資訊、問題和挑戰」，因此，他讓大家都了解他的兩難處境。「我還真的告訴他們：『我每天要面對的第一項挑戰是被孤立』，之後我會詳細說明各種孤立形式，並親自要求大家在這方面幫我忙。」

他替大家找到辦法可以有技巧地說出：「你沒弄懂。」別說員工，就算是嘉信的獨立業主和追蹤該公司的分析師，也未必願意主動告知這位執行長他錯過了什麼或做錯了什麼。為了獲得

他們的意見，貝廷格把詢問建構成一種想像中的行動。他不斷地問：「如果你處在我的位置，你會有哪些行動、不同於今日你看到我們的所作所為？」

他明確鼓勵提出問題的基層員工。他希望能讓尋找「我們錯在哪裡」深入扎根、成為企業文化慣例，因此不斷請員工透過電子郵件或電話來找他，提報他們注意到的問題。「我一天可能會收到二十五封不特定員工寄來的電子郵件，」他說，「這都要歸功於這些年來的投資。」他每年會讓員工分三、四批飛到舊金山總部，在那裡過一天，「這不是獎酬系統，而是一套鼓舞員工的系統。」

想要營造（或重新營造）環境條件的人，應該要記下貝廷格為了「把承擔起減少孤立的責任變成正式制度」而刻意、特意去做的事。對於其他人來說，他的戰術可能是、也可能不是「最佳實務操作」，但任何人都可以從導引出這些戰術的問題著手：我還需要哪些人的不同觀點？我要如何才能聽到意外的資訊？我要如何讓別人對我說我錯了？我沒有問到哪些問題？我如何鼓勵組織上下用充滿想像力的態度來探索我們所做的假設？貝廷格總結道：「我猜，我一直都可以感受到自己很恐懼『你不知道自己不知道』的事物，」他說，「而且我想，如果只是暗自期待可以找到方法取得相關資訊，風險一定很高。」這讓我想起亞馬遜創辦人傑夫·貝佐斯（Jeff Bezos）幾年前對我說的話：「如果你陷在框架中，你就得想方設法跳出來。」

 問題的源頭

　　勞倫斯・克勞斯（Lawrence Krauss）是美國亞利桑那州立大學的物理學家，也是該校起源專案（Origins Project）的創始主持人；這項專案因為研究聚焦於宇宙的起源而得名，但也探討其他「二十一世紀最重大核心挑戰中的基本問題」，涉及生活、疾病以及複雜社會系統各個層面。二〇一三年時希格斯玻色子（Higgs boson）被發現，過沒多久他就預測，大型強子對撞機（Large Hadron Collider）上還會有其他新物質，有助於開啟某個「封閉程度一如人被鎖入房內並歷經四十年感官剝奪」的領域。

　　克勞斯提到，在這樣的條件下，我們常常落入幻想，並認為「我們到目前為止有過的多數幻想、亦即理論物理，都會因此變成錯誤」。但克勞斯看來並不急著衝進這個領域，宣告什麼是對的。當有人問起他下一個紀元探索發現會走向何方時，他說他不知道：「我的意思是，我有一些揣測和想法，其他理論學家也是。但我總是希望我錯了。我常說，如果你是科學家的話，你能經歷的兩種最棒狀態，一是你錯了，一是你很困惑，而我常常都同時體驗到這兩種。」

　　這段話讓聽眾大笑，但克勞斯接下來提到的重點可就很嚴肅了。他說：「神祕難題是帶領我們人類的力量。」不知比知道更讓人興奮，因為不知代表有更多可以學習之處。要讓自己身在覺得有錯與覺得困惑的美好狀態，就能用更開放的心胸面對新的

機會，同時更願意挑戰過去的理解。「無論理由是什麼，我們都很幸運，能擁有智慧而且……能發展出意識，讓我們有能力提出這些問題，」克勞斯說，「不再提問就是一樁悲劇。」[13]

CHAPTER 05

人為什麼要讓自己不安？

我認為，人之所以為人，

是因為我們有能力提問，

這是精密口說語言的發展成果。

——珍・古德（Jane Goodall）

氣候變遷是一個具有分化性質的議題，把人分成各種不同對立的陣營。有些人希望在臨界點情況就先採取重大行動因應，以免來不及挽救地球。也有人想要採取任何可行的審慎措施，去面對他們認為可能非人力所能逆轉的情況。事實上，這些立場再加上人們對其他社會議題的觀點，一個主要是科學性質的問題變成完全的政治問題。「我們 vs. 他們」的情緒高張，導致我們很難想像要怎麼樣才能達成彼此都認同的決策。然而，這些分界線很可能是假命題，比方說，先前有一群氣候變遷運動人士深入敵營的西維吉尼亞州煤礦區，有了新發現。

這群運動人士是受過高等教育又富裕的都市人，來自不同的企業與非營利組織，最近決定要合力從事一項倡議行動。但

是，一起去這一趟探險不完全在他們的計畫中。這是琳賽‧莉文（Lindsay Levin）想出來的好點子，帶著大家一起進行她所謂的「領導者的追尋之旅」：這趟旅程由一群人合作來因應一個重大挑戰，結合了尋找事實、換位思考、深度對話與反省。莉文的目標，是要設計出一種一定能將參與者帶離舒適圈的體驗。用「不安」來描述這次的情況，可以說是輕描淡寫了。這一群人必定知道，進入當地必會和氣候變遷議題懷疑論者正面對決。然而，到頭來，真正讓他們渾身不自在的，是發現敵人也不過和他們一樣，都是凡人。

莉文對我說起這件事，她說某一天的行程是要去一處還在運作中的煤礦場。對於一群習慣於辦公室乾乾淨淨、到處都是知識型員工的人來說，那裡很髒、很幽閉，而且很混亂。參觀完礦場後，這一群人在「礦場外一棟像棚屋一樣的建築物」集合，然後和領班以及幾位礦工進行個人對談。莉文先開始提問，礦工則講起他們的信仰。領班提到演化這個主題，開玩笑說：「你們想到的可能是自己的奶奶小時候在樹林盪來盪去，但我們的人可是能追溯到聖經時代呢」。他們滿懷情感地談起身邊的大自然以及此地的野生生態，但也說得很清楚，他們很少想到美國國家環保署（Environmental Protection Agency）。還有，他們當然大聲頌讚自己的產業復興，前景大好，這可都要感謝最近在政治上打了勝仗。「我們這場對話衝撞到很多層面，」莉文回憶道，「我們這一行人根本無話可說；我早就知道會這樣。」

之後這場對話卻峰迴路轉。莉文敦促領班：「談談你的家庭

吧。」而他的回應如下：「嗯，我和我太太收養了五個小孩，他們的父母都因為服用鴉片類藥物過量而丟了性命……」他也提到他們之後如何面對縈繞不去的難題；孩子們過去遭受忽略和虐待，留下了創傷，比方說，最小的那個孩子就一直在顫抖停不下來。莉文說，坐在那個房間裡時，她實際上可以感受到一股揪心的震驚，這一群人也體會到必須重新評估眼前這個人。「因為他不是敵人，」她解釋道，「對吧？這個男人，我們可以便宜行事把他想成是一個沒有受過教育的問題人物，但是他做的事卻讓這個世界大不相同，房間裡的每一個人都在想：『這我做不到。』」這個時刻便是莉文期待此行能達成的結果，因為「這消除了確信……這推翻了整套論調」。大家心裡都想到了新的問題：「什麼是好？誰是好男好女？什麼是社群？今天的孩子與未來的孩子孰輕孰重？」莉文說，在之後的幾個星期與幾個月，這個團體繼續努力，但用不同的理解來看待設定的難題，就像她說的，如今他們更理解當中的複雜性，也更下定決心要提出在西維吉尼亞州以及其他地方都能用的解決方案。

梅若李・亞當斯（Marilee Adams）深入思考問題的力量，遠遠超過一般人，她在自己的暢銷書《問得好！換個問題，改變一生》（*Change Your Questions, Change Your Life*）裡引用文化人類學家約瑟夫・坎伯（Joseph Campbell）的觀察；他說「讓你跌個跟蹌的地方，也就是你的寶庫所在之地。」坎伯的書《英雄的旅程》（*Hero's Journey*）說到人們自古以來是怎麼述說這類故事的。英雄原本百般不情願地接受召喚，冒險離開舒適的路徑，而轉捩

點就發生在英雄遭遇重大障礙之時，此時必會將理解與決心都帶到不同的新層次。這很適合用來說明莉文的團隊在西維吉尼亞州的遭遇，以及我們接下來要談到的其他用創意解決問題的人。

我已經清楚表明，如果你希望有更多機會想出更好的問題（更好的問題指的是能讓你重新建構你在乎的難題，並帶你另闢蹊徑得出更好的解決方案），你應該多花點時間營造讓問題能源源不絕的環境條件。前一章探討過其中一種條件：進入質疑狀態，懷疑自己可能有錯。本章則要帶我們進入追求不安這個領域。

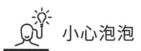 小心泡泡

就人的心理而言，還有什麼比追求安適更基本的嗎？我們讚頌的社會進步，大部分都和消除引發不安的問題有關。在個人層面上，我們會避開讓人感受到壓力沉重的情境，這當然有其道理：壓力是殺手。在現代世界裡，很多人大有能力與壓力因子徹底劃清界線，以致於讓自己冒險承受另一個極端的負面效應。少了具挑戰性的經驗或資訊，我們不受侵擾，也因此停止成長與學習。我們的提問能力也跟著萎縮了。

我們現在常聽說某些享有特權的人根本是活在泡泡裡，並暗指他們必須找到方法離開。然而，會將外界拒之於門外的，可不僅是擁有信託基金的孩子而已，有很多深層的力量都會發揮作

用，吹起泡泡把人包起來，差別僅在於形式不同。當你很忙碌時、當你可以選擇不要的時候，就很難讓更多的不安鑽進人生，不論是身體上、理性上或是情感上，都會設法避開。

我從研究中看到的最嚴重孤立形式，出現在大型機構的執行長與其他高階主管身上，因為他們可以仰賴員工收集與篩選資訊。[1] 我認為，這些領導者並不比其他人更想要追求安逸，但是他們面臨極大的壓力，而且也可以藉此去感受一下自己的權勢地位。他們身邊當然圍繞著「守門員」，這些人認為，自己的職責就是保護主管遠離任何會造成不安的來源。印度的印孚瑟斯軟體公司（Infosys）的創辦人兼前執行長南丹・奈里坎尼（Nandan Nilekani）告訴我這有多危險：「如果你是領導者，你當然可以把自己裹在繭裡，一個由好消息構成的繭。每個人都說：『一切都好，沒有問題。』然後，隔天，就什麼都不對了。」或者，別人也會完全隔絕這些高階主管，Salesforce 的行銷長賽門・穆卡伊就提到：「很多執行長的屬下其實是替主管套上了一個『鋼環』。他們齊心協力，盡力為執行長提供最多協助，但也製造出一個密不透風的繭，而且完全沒有回饋。執行長僅能聽到直屬部屬想要對他說的話，並以非常細瑣的回饋為根據，做出打高空不務實的決策。基本上，執行長的決策力完全就被扼殺了。」

還好，人的內心都有些力量會去反抗過度的安適，有時候甚至走到很極端的地步。基於某些理由，自一九〇九年起，每年的一月一日，波士頓會有幾百人去結冰的波士頓港泡一下。也有人會花幾千美元，或者偶爾有人（例如史蒂芬・霍金〔Stephen

Hawking〕）拿到「免費體驗券」，去零重力（Zero Gravity）公司搭乘被受訓中的太空人暱稱為「嘔吐彗星」（vomit comet）的弱重力飛行器。每年有幾百名登山者上聖母峰攻頂，不為什麼，只因為山就在那裡。這些經驗不僅給了他們吹牛的權利，更讓他們享受到不安的另一面，那就是愉悅。從事這些活動的人常說的話是「這讓我覺得更有活力」。

進入讓人在認知上或心理上感到不安的領域也有異曲同工之妙，科學支持這麼做也會帶來「更有活力」的感受。就算從事的是相同的活動，如果比較新手與老手的大腦掃描圖，會發現新手的腦神經不斷迸出火花。[2] 難怪，當你離開自己熟悉的環境時，會讓你變成更主動尋求參考資訊的人：你的接收系統更加敏感，你耳聽八方，你想辦法找出蛛絲馬跡。當你要去適應陌生的場景，或是要了解不熟悉的情境，本能會促使你把五種感官全部拿出來吸收資訊，你的心裡也會如排山倒海一般湧出很多問題。

我有一次去參訪推特的企業總部，聽到一種很棒的說法來描述這樣的過程。和我會面的是麥可・席裴（Michael Sippey），當時他是推特的產品長。（之後他自己開了一家新創公司脫口秀產業〔Talkshow Industries〕，現在則是媒介〔Medium〕公司的副總裁。）在舊金山某個陽光燦爛的日子，我們坐在他美輪美奐的辦公室裡，展望他的屋頂平台，他說起親自會見顧客的重要性：「這要做很多事，而且很辛苦。我的意思是，你看看這裡就好：不會有人想要離開這裡到外面去。」他說，你必須刻意去做，「你得做很多事，才能站到特定的立場上，去碰觸與感受顧客

的體驗，去了解他們實際上過著什麼樣的生活。」

席裴職涯的前五年任職於顯降（Advent）公司，這是一家新創的軟體公司，專為財務與投資專業人士提供解決方案。他講到他和某些同事一開始是如何看出有大好機會。他拜訪多家潛在客戶，針對顯降公司的原始產品收集回饋意見，他說：「我們開始注意到模式出現。」幾乎每一家小型投資公司裡「都會有一個人，眼前有一個大螢幕，上面貼滿了便利貼」。最後，他們忍不住好奇心，跑過去問這個人：「老兄，你有很多便利貼喔。」他們和這個人談過之後，發現這些人是交易員，負責處理投資組合經理下的買賣單。這個人對他們說：「我試過各種不同的客製化工作表，但是都沒用……因此，我每做一筆交易，就貼在螢幕上，每做一筆交易，就貼在螢幕上。」

席裴和同事覺得不可思議，他們的反應是：「你是在開玩笑吧？」席裴說：「那成就了我們的第二項商品：交易下單管理系統。」這次的經驗，讓席裴往後不斷去思考產品創新這件事。「你要如何讓自己身在能問出正確問題的情境？」

太多領導者得到的是加工過的資訊：經過挑選、編製，並以他們表達過的偏好方式呈現。要對抗這種事，他們必須自己親至現場，自行收集原始資訊。利奧・迪夫是這樣說的：「我需要去到讓我覺得不安的地方，我需要想辦法推進，找到界線在哪裡，這樣我才能知道『喔，這裡有個盲點。』」就算出了門還是沒找到明智的新問題，出去看看也很重要，可以重新確立組織的創立宗旨。喬・馬帝亞斯（Joe Madiath）在印度創辦以水利為主的社

會企業，名爲村莊發展組織（Gram Vikas），我訪談他時，他很重視回到要服務的社區看看走走能帶來的激勵效應。他告訴我，當他花了太多時間在總部，被官僚體系的諸多顧慮弄得身心俱疲時，他重新獲得力量的源頭，是起身回到村莊發展組織協助解決用水與污水問題的鄉村。對多數高階主管來說，長途跋涉踏上滿是車痕塵土的道路，前往水利設施不足的地方，到了當地還顯得格格不入，聽起來可不是什麼偷得浮生半日閒。但就是這樣的旅程讓馬帝亞斯重新感受到他此生的使命。

 ## 脫離舒適圈的好處

大家都知道，不適會激發出很多創新；解決問題的人習慣聚焦在痛點上。比方說，當伊隆‧馬斯克塞在洛杉磯嚴重壅塞的車陣裡時，也是他想到超迴路列車（hyperloop）之時：這是他想像中的大型空氣推動列車，可用超音速載運乘客，將洛杉磯到舊金山的交通時程縮短爲三十分鐘。「我要去參加一場演講，已經遲到了一小時，」他說，「我在想，天啊，一定要有比較好的交通方式。」這是很典型的「需求爲發明之母」故事。

身在不安的地方還有其他比較隱晦、間接的好處。不安會讓你更繃緊神經，通常會讓你處於更用心、注意且更質疑的模式。這種狀態下至少會發生三件好事：你會驚訝，你會分心，而且你可能會手忙腳亂。

關於驚訝這個元素

首先，你會遭遇新事物與新觀點，感受到挑動神經的訝異驚喜。你會看到、體驗到之前不知道或沒想過的事物，身邊滿是新奇。正因如此，時尚業的凱特絲蓓（Kate Spade）公司制定了很多措施，讓員工不會無聊，也不會讓別人感到無趣。該公司的行銷長瑪莉・碧琪・倫娜（Mary Beech Renner）對我說，凱特絲蓓公司對顧客許下的「品牌承諾」很重要：「我們要鼓舞她們過著更有趣的生活。」對倫娜以及公司同仁來說，這代表他們自己最好也要過著有趣的生活，因此，他們組成了「各種團隊活動，參加園藝、藝術博物館參訪和烘焙課程，只要是能鼓舞人心、確定我們自己也過著我們所承諾的有趣生活的事物都可以。」他們定期舉辦「午餐兼學習」聚會，邀來有趣的訪客。有些企業夏天時星期五只上半天班，凱特絲蓓公司則是全年都這麼做，讓員工更能沉浸在充滿活力的曼哈頓地區，盡情享受這裡的一切。

矽谷的創投業者、曾擔任考夫曼基金會（Ewing Marion Kauffman Foundation）創業副總裁的維克多・黃（Victor Hwang）則建議企業「探頭到奇特的地方」，以擴展思考。他更詳細說明，提出三種可以探詢非尋常事物的方法：

觀看與傾聽奇特的東西。我喜歡看冷僻的紀錄片與收聽不一樣的播客。點一點就能找到潛藏的酷炫想法，這真是太棒了。

去奇特的地方散散步。我會去隱密的市郊社區、百貨公司、社區大學等地方散步。當你別無目的、只是為了散步而散步，會

用新的眼光去看事物，因為你很有餘裕享受當下。

　　和奇特的人聊聊。去找一些和你不一樣的人談天，能夠帶來力量。我還記得幾十年前和陌生人隨意聊聊的對話，以及這些對話對我造成了哪些影響。[3]

　　我認為，蓋・拉里貝代（Guy Laliberté）完全做到了。拉里貝代是太陽馬戲團（Cirque du Soleil）的共同創辦人；太陽馬戲團的表演引人入勝，將高空特技人、雜要特技人、編劇技巧和說故事技巧結合在一起，成為創意無限的壯觀場面。拉里貝代一直四處旅行，尋找奇特且動人的靈感，並期待太陽馬戲團裡的人也這麼做。為鼓勵大家傳來遠方的資訊，該公司的「潮流團隊」（Trend Group）在內部通訊刊物〈開眼〉（Open Eyes）裡開闢固定專欄，每星期都有員工的「順帶一提……」見聞，提到他們在工作與生活中探訪的地方，就像星探挖掘新人一般認真執行任務。傳送過來的文章可能聚焦在建築、時尚、音樂或語言的有趣趨勢上，通常和正在製作的劇碼並無直接關聯，但是，在像馬戲團這樣文化色彩豐富的企業裡，你也很難說什麼東西是完全不相關的。

　　不管用什麼樣的標準來看，太陽馬戲團都是很成功的企業。舉個例子，賭城演出一齣名為「O秀」（O show）的劇碼，多年來座無虛席，根據一些估算，甚至是全世界單場營收最高的表演。當我問起在這種地方如何進行研發時，執行長丹尼爾・拉馬爾（Daniel Lamarre）很快地回答：「最重要的都是蓋往來全世

圖 5-1 這是峇里島（Bali）一處海灘，沙蟹把沙子踢出去，在一顆忽明忽暗的燈泡周邊形成美麗的圖案，讓我和太太感到十分著迷。

界得到的體會，大部分則是我們四處旅行的心得，再加上大量的好奇心⋯⋯我們總是在觀察，看看現在外界到底是怎麼樣。」

回到蒙特婁總部，拉里貝代會用其他方法來對抗高階主管的安適。拉馬爾對我說，某一天拉里貝代告訴他一個非常讓人訝異的消息：「丹尼爾，我擔心我們有點太企業化了，因此我替你請了一位新人。」沒多久，一位穿著全套服裝、扮演小丑的人物來太陽馬戲團的蒙特婁總部報到。這位「莎祖夫人」（Madame Zazou）花很多時間表演舞台娛樂節目並四處分送爆米花，基本上，她的存在至少不斷提醒了總部的專業員工，他們的工作重點是要做好馬戲舞台表演。更刻意的是，她還得到完全的授權，可以扮演典型的弄臣角色，比方說，「走進我們的〔高階主管委

員會）會議，自我介紹，然後嘲弄我們。」我之前主要談的是人如何靠著實際走出辦公室來跳離舒適圈，但是，聘用莎祖夫人這件事凸顯了領導者也可以邀請干擾走進來。

皮克斯也和太陽馬戲團一樣，相信要讓人們多走進眞實世界裡去體驗，別老是待在電腦螢幕前。皮克斯的產品開發流程強迫員工要走出辦公室、走出皮克斯大樓，比方說，要先學會射箭，免得在《勇敢傳說》動畫片裡畫得太離譜。他們不斷「探險」，體驗新環境和想法。以皮克斯二〇一七年大賣的電影《可可夜總會》來說，深深沉浸在墨西哥的鄉村與城市，幫助他們掌握了墨西哥文化的重要元素，如果不這麼做，肯定會忽略這些東西。這些電影創作者前往墨西哥南部的瓦哈卡省（Oaxaca），以利創作出電影中的虛構小鎮聖賽希莉亞（Santa Cecilia）；他們也到訪其他地方，比方說米卻肯省（Michoacán）的小鎮聖塔菲德拉拉古納（Santa Fe de la Laguna），這裡的人民自豪地保存祖先的傳承，包括穿著普瑞佩查族（Purépechan）傳統服裝與製作獨具一格的陶器。我們可以把皮克斯的做法想成一種創意人類學，而且除了典型的「創意業」之外也可以採用。這些年來，我遇見的很多創新思考者爲了讓最好的問題與洞見浮出水面，靠的都是「走出去」，而不是「待在這」。

羅德・卓歷告訴我一段故事，他積極走出去和顧客互動，結果直接回饋到創新上。他創辦賽洛公司，想對長期身爲市場領導者的直觀公司構成巨人的競爭威脅，其部分策略是要確定他和創業團隊花了夠多的時間追著小企業的業主和經理人跑；賽洛公司

就是為這些人設計解決方案。他說，他們開發第一代產品時拜訪了超過兩百位經理人，每天早上在他們進辦公室開電腦、倒好第一杯咖啡時，就來找他們。卓歷說，在這段不斷出差的期間，他得到了啟示：「會計軟體從來不是重點。」他和他的同仁注意到，小企業的業主習慣每天早上上網查核自己的銀行帳目，以確定有足夠的現金可以撐過這一天。這個簡單的觀察，再加上和顧客討論在特定解決方案中會使用或忽略哪些功能後從中得出的洞見，最後讓他們問出顧客心裡更重要的問題：**為什麼不能將小企業收集到以及他們需要的數據都放在一起，變成一個整合的環境**？卓歷說，這個問題給了他「一生只有一次的機會」，因為他們可以「開始代表顧客把數據結合起來，得出一些驚人、神奇的結果」。

這呼應了維克多・黃提到的「奇特的人」；離開舒適圈會得到驚喜，指的不只是換地方而已，還包括和觀點以及認知風格大不相同的人交流。羅伯・蘇頓在《11 1/2 逆向管理：看起來怪，但非常管用》（*Weird Ideas That Work*）中也信心滿滿地提出這個論點。大量研究顯示，這類交流能帶來更多的創意與創新成果。傑夫・卡普在一場訪談中也談到為何會有這種事。「當你和背景不同的人一起工作時會有一股張力，因為溝通上會出現一些問題，」他說，「但我認為，這種辛苦掙扎其實是好事，因為這會讓你的大腦處於一種高能量的狀態，讓你變得非常積極主動，而且也讓你無法**安逸**。」

對很多人來說，要和許多方面都與自己不同的人共事，是一

大挑戰。卡普的重點是,就因爲這樣的不安,才導引出了具觸發性的問題與創意洞見。

分心蘊藏的力量

其次,打破常軌會讓你不再去做之前專注在做的工作。你分心了,但這種分心通常是好的。你一直在應付難題,而且是放在之前建構的框架之下處理,現在,你的焦點轉向了。從任務中抽身、不再投入大量的專注,讓你的心智進入不同的處理模式,變得比較能接受問題;這些問題早就在你的意識邊緣遊走,只是一直躲著你。你現在做的事不是一般認爲的「工作」,因此,你不會積極地鑽進向來習慣的解決問題路徑,你會想到,或許可以有別的方法來解決問題。

認知心理學家用「外加認知」(extra cognition)來描述這種情況,經典範例是你在洗澡時突然想到絕妙好點子。法國數學家亨利・彭加勒(Henri Poincaré)也是一位創意思考者,他尤其樂於把自己想出的最偉大問題和洞見都歸功於這個現象。比方說,彭加勒在一八七〇年代末期提出第一項重大發現,關鍵時刻正是在他睡睡醒醒之間。用他自己的話來說是:「十五天來我都在奮戰,想要證明任何和我之後稱爲富克斯函數(Fuchsian function)相似的函數都不存在⋯⋯我每天都坐在書桌前一、兩個小時,我試過各種組合,但都沒有結果。有一天晚上,我一反常態,喝了一杯黑咖啡,我睡不著,結果腦子裡跑出一大堆想法,我感受到它們在互相碰撞,直到,這麼說吧,有一對互相牢

牢勾住，構成了穩定的組合。」他說，到了當天早晨他已經解開難題，「只是得要把結果寫出來，這花了我好幾個小時。」他繼續說：

　　我離開當時已經住了一段時間的康城（Caen），去參加一趟由礦業學校（School of Mines）主辦的地質之旅。旅程的緊湊讓我忘記了我的數學工作，到達庫唐斯（Coutances）時，我們搭了巴士去遊覽之類的。我踩上台階時，就出現了一個概念，我過去的思考當中顯然沒有任何成分讓我做好準備迎接這個想法：我之前用來定義富克斯函數的變化式和非歐基里德幾何是一樣的……我感受到一股即時且完全的確定。返回康城時，我用空閒時間驗證結果，好讓自己安心。

　　隨著彭加勒持續發現他最好的想法看來都是在分心的狀態下冒出頭，這個模式也持續。舉例來說，有一次他又得解決另一批難題，久無結果讓他很受不了，於是他去海邊度了幾天假，轉換一下心情。「有一天，我在崖邊散步，」他回憶道，「想法又跑出來了，同樣也具備著大膽、倏然與絕對確定的特質：不定三元形式的變化式和非歐基里德幾何一樣。」[4]

　　近期由陸冠男（Jackson G. Lu）、莫都蓓・亞基諾拉（Modupe Akinola）和瑪麗亞・梅森（Malia Mason）所做的研究，替彭加勒充滿洞見的自覺加入了一些數據證據。一項實驗請參與者執行創意任務，如果參與者在其間有做「任務轉換」，成果會比較

好，因為打破專注、抽離手邊的任務能同時導引出更發散與更收斂的思維。研究人員解讀數據並總結道：「暫時把任務擱下，能讓認知不那麼僵固。」[5]

艾德·卡特莫爾一如彭加勒，也了解透過分心為心智挪出時間與空間、讓在其他情況下不會出現的問題和見解浮出檯面，非常重要。他解釋：

當你不知道解決方案是什麼，那就展開行動去找到它。你跳進一個充滿著「未知的未知」的問題空間。喔，我覺得這很讓人亢奮。事實上，有什麼東西在攪動，我可以感受到內心像有什麼在攪動，這種感覺少有人不能領會。有時候我的身體裡有什麼在動，我根本無法和我腦子裡發生的事交流。我的大腦在處理，我根本想不到那是什麼，只知道有事在發生。

幾十年前，我還在念研究所時就很清楚感受到這種事了。我當時用一個新方法解決難題，那就是去做表面積的數學。（雖然當下我並不明白，但後來發現，長期而言，從科技觀點來看，這變成我做過的最重要工作之一。）我記得我解決這個難題時的情況，我可以感覺到大腦一直轉一直轉。這很讓人刻骨銘心，身體裡一直有什麼在攪動，就有點像在研磨什麼。我不知道那是什麼，只知道我的腦子在處理這個難題。我忍不住跑到白板面前，我在紙上根本沒辦法做。我坐著，處於一種非常焦慮亢奮的狀態，然後，忽然之間，碰，就有東西爆開了。然後我就把結果寫下來。那種感覺是：「哇！這真是奇特。」

衝突的益處

　　跳出舒適圈的第三個好處，是讓你有機會體驗到意外的衝突、強迫你接受事實：你看事物的觀點並非唯一觀點。賈柯·杰采（Jacob W. Getzels）和米哈里·契克森米哈伊（Mihaly Csikszentmihalyi）這兩位美國學者寫道，創意始於人「體驗到認知、情緒或想法的衝突」、而此人將衝突建構成一個問題加以說明之時。我想到的是羅蘋·雀絲（Robin Chase），她在中東長大、去史瓦濟蘭念大學，後來搬到美國。她看到了歐洲的汽車共享，認為美國人堅信每個人都應該有車的想法造成了整個社會的嚴重浪費，以及資金的錯誤配置，因此她在二〇〇〇年創立了汽車共享服務 Zipcar。

　　這是最正面的衝突類型，因為這碰撞出機會。更常見的情況是，當新的競爭對手引發了致命威脅，或是舊的營運方式已經過時因而造成極大的痛苦，企業就遭遇了衝突。[6] 思愛普的前執行長孟鼎銘告訴我，刺激思愛普進行策略變革的理由，便是以雲端為基礎的解決方案進入商用軟體領域。孟鼎銘和團隊很清楚，公司的未來將會「活在雲端」，但也看到公司的 DNA 裡尚無適當的本能，無力去銷售隨選軟體。他說，明白「我們並未問出正確的問題」、因此無法掌握來自全新領域的機會，讓思愛普收購了成功因素（SuccessFactors）與艾瑞柏（Ariba）這兩家公司。

　　有時候你覺得衝突是個人層面的，而有時也確實如此。上一章我提過亞馬遜的傑夫·魏爾克，他針對人所擁有的心智模式、以及人如何不斷調整心智模式做了很深入的思考。他說，琢磨調

整可以分兩個方面，一是積極詢問目前的狀況到底如何，換言之，運作時要假設會出錯，並去找出你到底在哪些地方可能錯了。另一種方法是去體驗某些嚴酷考驗，強迫你去考量前所未見（至少在你的經驗中沒有）的情境。這是一種很尖銳的不安，但是同樣也能帶來蘊藏強大力量的洞見。

多數人不會這麼做，因此，當我們忽然之間看到自己向來信守的假設被打破，或是體會到自己錯過了什麼，就會覺得極為挫敗，也會覺得彆扭甚至愧疚。琳賽・莉文的團隊到西維吉尼亞州時便是如此。她說，和礦工談完之後，她的小隊裡有些人回憶起曾經去聯合國參加的一場會議，會議中宣布要關閉一些大型煤礦場，群眾熱烈鼓掌叫好。「如今我對於當時的舉動感到羞愧。」其中一人這麼說，因為現在他想到的是「有一群人因此失業了」。莉文說，這不代表他們認為不一定要禁用煤，而是「鏡子豎起來了」。多年來他們大聲譴責反對者，說對方的行事完全不考慮自己的選擇會造成什麼後果，但如今他們看到自己是「多麼不關心」自己的選擇與行動造成的後果。莉文提到：「就我的經驗來說，那些時候發生的事情，鐵定會讓大家需要好好消化處理。」

尼克・拜頓（Nick Beighton）是快速成長的網路時裝零售業阿索絲（ASOS）公司的執行長，他對我說，在他獲得拔擢成為執行長沒多久後，有一次和員工交流的經驗「讓他覺得甚為不舒服」。在一次的傾聽之旅中，他安排了一個時段會見公司裡其中一個採購團隊，團隊約有三十人。「各位想問什麼問題都可

以，」他鼓勵大家，「我一定有問必答。」有一位年輕女士舉手，她質疑他的人才培養計畫。「尼克，」她問，「你不懂產品，你要如何幫助我成為更好的採購者？」拜頓說，這個問題聽起來像是在對他開砲。沒錯，他不懂產品，他所受的訓練是成為會計師，在進入阿索絲公司擔任財務長之前，他是一家娛樂公司的財務總監。他想，哇！這位女士「實際上是在挑戰我身為時尚品牌高階主管的權威」。他很快就明白自己的想法是反應過度，但是，這個不安的時刻反而讓他聚焦在他看到的「很棒的問題」上。我認為，拜頓回覆這位採購人員的答案也很棒：「好，我們就來談談這件事。請別期待我知道如何設計出更好的衣服，但可以期待我替各位掃除障礙，幫助你們取得更好的產品。」

第一線員工並不會常常讓執行長的人生感受到衝突，這是很單純的事實，單純到有一部非常成功的真人實境電視影集便以此為主題。由蘭伯特工作室（Studio Lambert）針對英美兩國觀眾製作的《臥底老闆》（Undercover Boss），整個前提便是讓執行長花幾週時間去體驗低階員工的生活，讓他們得到全新觀點，了解應該改變什麼。他們揭開了面紗，了解很多他們不知道的事、有時候甚至是不想知道的事。

舉例來說，參與節目的瑞克・帝納（Rick Tigner）便有這樣的體驗。他是加州肯德爾傑克森酒莊（Kendall-Jackson）的執行長，喬裝打扮一番後，混入索諾瑪郡（Sonoma County）的葡萄園和員工一起工作，馬上就開始犯錯。他害一條裝瓶線停工，因

為他跟不上速度，而當一位貨運司機講了一些讓他震驚的話時，他得咬住舌頭不作聲。他第一次領悟到員工和主管說不同語言時會出現的問題，也體會到有很多員工的母語不是英語，語言是讓他們無法升任管理職的唯一障礙，除此以外他們表現得很好。所見所聞說服了他與葡萄園經理蘿拉・波特（Laura Porter），在工作場所為員工開辦免費的在地英語課程；過去這聽起來是昂貴福利的方案，但實際上是公司必要的投資。後來有數百名員工報名參加。（如果有員工比較想要上專科學校或網路課程，肯德爾傑克森酒莊也補助學費。）節目中有一個場景，是這位執行長發現公司政策並未給予全體員工醫療福利，而這一點大大影響了一位身為人母、育有三子的模範員工。帝納之後反省他在拍攝節目這兩星期所獲得的「罕見洞見」時，他說：「我知道這是很獨特的學習機會，我可以看到、聽到平常看不到也聽不到的事，但我沒有預期這番經驗也能引發強大的情緒衝擊。」

我們在這裡看到的是，通常被排除在學習之外的執行長進入一個大不相同的場景，才得以完全看到當下的狀況。在一般條件下，他會自外於他人，因為他定義的問題會只限於他看到已經出狀況的事情，他也根本不會走入工作現場。同樣確定的是，其他人也會孤立他，他們會熱心地擋下可能讓他不悅的訊息，或者把他的注意力轉移到他們認為最重要的議題上。好消息是，職場上與生活中都有很多有益的方法可以擴大範疇，不需要戴上假鬍子並隱姓埋名。

在恪守紀律的條件下練習去做

　　理智上了解讓人不安的環境如何能帶來益處是一回事，實際上去探求或營造這些環境又是另一回事。且讓我針對這兩方面都提供一些建議。

　　到遠地生活：我和馬森・卡本特（Mason Carpenter）以及傑拉德・桑德斯（Gerard Sanders）所做的研究顯示，一個人住過愈多國家，就愈可能借用相關經驗打造創新的產品、流程或企業。我們也發現，公司的執行長如果在晉升高位前曾經派駐國外，哪怕只有一國，財務績效都會優於由缺少國際經驗的執行長領導的企業，市場績效平均約高了百分之七。[7]

　　我和傑夫・戴爾、克雷頓・克里斯汀生合作的研究則發現，無論是企業、政府機構還是社會型企業，組織中各個層級的領導者如果曾在一個以上國家居住過，提出寶貴新概念的機率就高了一倍。這方面的證據具說服力且一致（而且和我家人的感受相呼應，我們有超過十年的時間都住在海外，包括英國、芬蘭、法國和阿拉伯聯合大公國）。完全沉浸在其他文化時偶爾會讓人很不自在，但成果是可以改換眼光來看世界；當你試著針對棘手難題找出創意解決方案時，這一點會讓一切變得不同。[8]

　　走有東西可看的路線：法第・甘多爾（Fadi Ghandour）是總部位於約旦的阿麥絲（Aramex）物流公司創辦人，這是一家全球性的全方位物流與運輸解決方案供應商。在創業早期，某次

經驗改變了他的思維，而且這並不是單純的因緣際會。甘多爾在清晨兩點時抵達阿麥絲物流公司的中心營運城市杜拜，準備參加排定於幾小時後的會議。他捨棄機場的豪華轎車接送服務，改請公司的一位包裹快遞員用貨運卡車接他。在前往旅館的旅程中，他問了快遞員一些追根究柢的問題，並仔細聽對方的答案。當那天早晨火熱的阿拉伯太陽升起時，他召集當地的管理團隊召開一次全員會議，並確認也有一些快遞員能到現場。他提出相同的問題，要高階主管聽仔細，同時讓會議室裡每一個人都聽到他們根本不知道的營運問題。

很重要的是，甘多爾將這場會議的調性定為互相發掘資訊。沒有人覺得遭到斥責且必須解釋為什麼這些問題會被忽略、還要留給大老闆來揭發，反之，每個人都因為有機會應用集體解決問題技能而覺得充滿活力。同樣重要的是，甘多爾強調高階主管（包括他本人）應持續執行這套做法，在為時已晚之前找出未知的未知。他訂出政策，要求高階主管定期離開舒適的人體工學辦公椅，和快遞員一起出勤。更近期，當他的財富不斷成長、他也成為中東最成功的創投資本家之一（這是指他在旺達集團〔Wamda Group〕擔任執行董事長，該公司是專為阿拉伯世界科技型企業服務的創投基金），他仍堅持同樣的路線。在他投資的九十五家企業中，他每天至少會和兩位創業者談一談（通常都是在他辦公室以外），以了解他們在所屬市場裡看到的情況並幫忙解讀。

甘多爾倡導的做法聽起來並非難以接受，確實也不會。但在

此同時，如果你是執行長，請自問，上一次你做出類似甘多爾在機場所做的決定，是何時的事？在爲期一個月累人的差旅途中，知道你降落後得處理一大堆新的訊息、回覆一大堆等著答案的來電，你會不會叫好專車等著？就像甘多爾說的：「如果執行長不想這麼做，就不會敦促自己這麼做。」不管哪一天，你都能找到好藉口別這麼做。但，他仍堅持：「我會對他們說：做一次試試看。到處走走問問題、去安慰別人。身邊不要帶太多人。」

把目光拉回家庭，配偶和伴侶也可以用相同的方法，去了解對方面對什麼樣的挑戰。舉例來說，我的妻子在孩子小的時候選擇留在家裡當全職母親，我很容易就會想到許多很棒的想法，想著要怎樣把孩子帶得更好。但是，一直到我請了三個月的研修長假在家裡當全職父親、讓我的妻子完成教師實習，我才發現我的偉大育兒構想並不像我以爲的那麼棒。

離開隨行的人：以這項戰術來說，貝尼奧夫是我最愛舉的範例，原因在於我第一次和他的面對面談話；那是在達沃斯世界經濟論壇會議期間，當時我們兩個都是獨自散步，而我認出了他。後來我才知道，不管去哪裡，他都會維持這個習慣，因爲不管是從舊金山或從夏威夷過來，這一趟旅程的重點就是去巧遇你無法或不知道如何事先約定的人。之後，我對一位長年參與達沃斯論壇的常客說起這件事，她告訴我，多年來她注意到一個模式：到哪裡都有隨行人員跟著的領導者，最不可能去問或是被問到有趣的問題。她相信，因爲這樣，他們愈發沒有能力把這個世界變得更好。如果你希望別人以有建設性的新方式來挑戰你的想法，就

必須開始和不同的人聊聊，最理想的狀況是要到不同的地方聊。曾有人告訴我：「去和想法與你大不相同的人聊聊」，自此之後，我也用同樣的話提醒自己要這麼做。

面對批評：在太陽馬戲團，每個新節目彩排到了最後階段，就會將劇碼搬上舞台試演，這種演出被稱為「獅穴」（Lion's Den）。參與過其他節目的人，比方說賭城大道上的「神祕秀」（Mystère）、「Ｏ秀」和「人類動物園秀」（Zumanity）等知名表演，會受邀看完整場表演並提供回饋。你要知道，這一群是對這一行知之甚詳且挑剔難纏的人。要在賭城上演的新節目「Kà秀」（Kà show）預算達一・六五億美元，《洛杉磯時報》在上演前訪談節目的導演，就剛好在他正要步入獅穴、面對獅吼之際。他對記者說：「這是非常、非常殘酷的事。」但是，記者觀察到他的語氣：「雖然他嘴上這樣講，但聽起來熱切的成分大於恐懼。」[9]

「獅穴」是誇張的範例，但是，就像執行長丹尼爾・拉馬爾說的，面對批評是太陽馬戲團裡的日常。他告訴我，這是一種內部持續辯證的文化，因為蓋・拉里貝代「很善於刺激我們，而且是無時無刻」：

在一般企業界，大家會開會並提出自己的想法。我對你很客氣，因為我希望下一次開會換我提想法時你也會很客氣。太陽馬戲團可不是這樣。在這裡，我們會不斷辯論，以確保最好的想法勝出。想出好點子的人不管是我、是你還是蓋都沒關係，那並不

是重點，重點是，讓我們針對想法來辯論。我們從同一個地方出發，然後，忽然間，就有不一樣的東西跑出來了，這總是讓我感到很吃驚。但現實就是，你必須試過可能十個或二十個不同的想法，才能得到一個禁得起整套流程考驗的好想法。

　　去坐最便宜的座位：麥可．豪利（Michael Hawley）是熱門的綜藝大集合研討會（EG conference）創辦人，如果你有機會和他聊聊，請善加利用，因為就我的經驗來說，在任何對話中，他都能善用各種經驗以獨特角度切入。他有一次告訴我，在綜藝大集合研討會進行之時，他喜歡退到會議室最後方的牆角，也就是所謂「最便宜的位置」。當然，多數人喜歡坐在離活動最近的地方，這樣才可以聽清楚每個字，偶爾還可以和簡報者眼神交會，特別有融入感。豪利的想法是，走到周邊角落，他更有可能跳脫自己本來的內部小圈圈，也可以置身於邊緣那些態度偏向懷疑的人之間。請注意，最便宜座位的特性不僅離大樓的主舞台最遠，同時也離外面的世界最近。

　　多年前我和瑞典家具公司宜家家居的高階主管會談，他告訴我，公司的創辦人英格瓦．坎普拉德（Ingvar Kamprad）就算已經七十幾歲了，還是會為了青少年籌辦研討會並親自出席，藉以親近下一代。雖然他累積出大量財富成為全世界最富有的人之一，但從未購買任何私人噴射機，他不只喜歡搭一般客機，更愛經濟艙。降落之後，他喜歡搭乘大眾交通工具。消費性產業裡有一句名言：「為資產階級準備饗宴，和大眾階級一起用餐；為大

眾階級準備饗宴，和資產階級一起用餐。」坎普拉德決心打破這樣的規則。二〇〇〇年他接受《富比士》專訪時說：「我認為我的任務就是要服務大多數人。問題是，你要如何找到他們想要的，如何為他們提供最佳服務？我的答案是盡量貼近一般大眾，因為我打從心底就是他們當中的一員。」[10] 這就是一個下定決心絕對不要活在泡泡裡的人。

不要過頭：當然，「不安」是相對的。如果你只是希望找到新問題（除了「我怎麼會讓自己落入這般田地？」這個問題以外），就不要去經歷痛苦到難以忍受的事物，因為會導致心智封閉起來、進入簡單的生存模式。我從聖母峰基地營與昆布冰瀑之旅、以及之後在家休養的那一個星期領悟到最多的就是這一點。不要說浮出能激發新洞見的新問題，我根本完全無法思考，只想到下一口呼吸。就我的日常提問能力而言，比較有用的是我經常旅行，讓我轉換到不同的模式裡，我顯然不是那麼安心，但是也並未身在危險中。

查核你的安心程度：每當你的目標是要改變你的行為，無論是經常進入陌生的環境或是培養新習慣，在早期階段有一個步驟很有用，那就是找出相關行為在目前的基準水準：在上班日，你會把多少比例的時間花在辦公室以外？辦公大樓以外？所屬組織以外？所處產業以外？所在城市以外？所在國家以外？所在洲際以外？自家以外？附近社區以外？同時你也可以順便自問：上一次有人提出讓你三思、甚至讓你覺得不安的問題，是何時的事？上一次你對別人提出這類問題又是何時的事？不要把這變成一項

繁重的任務，去找一些簡單好用的衡量指標，衡量你脫離慣行的路徑去冒險的次數增加了多少。一如生活的其他面向，偶爾盤點與檢視你的改進程度，可能會激勵你做得更多。

可怕的安樂椅

蓋瑞·艾瑞克森（Gary Erickson）是能量點心克利福棒（Clif Bar）以及其他有機食品飲料的幕後推手，他是相信要多多提問的絕佳範例。「在克利福棒公司，」他在創辦公司的回憶錄中寫道，「我試著以身作則，將無知的價值（以及提問、避免絕對、謙虛行事和尋求他人智慧的價值）當作領導與企業風格。」他接著講了一個故事，最近他新聘了一位員工，此人之前在一家大企業擔任管理職。當新員工請艾瑞克森針對這次轉職提供建議時，艾瑞克森對他說：「多提問、少給答案。就算你知道答案是什麼，也轉化成問題。你會發現，我們這裡很多行事風格對你來說沒什麼道理，你會想要改變。請先弄清楚。」

他如何培養出對問題的重視？實際上路、用低廉的費用在全世界旅行。他強迫自己跳出舒適圈，現在他領悟到這麼做如何改變了他。「走遍世界各地讓我變得更謙卑，」他寫道，「在我成長的過程中，我相信做事方法有對有錯，人生非黑即白。在以色列住了一個月、在印度和尼泊爾住了三個月深深改變我對世界與人生的理解。我很難再認為什麼事情是絕對的。我遇見各式各樣

的人們、文化、宗教與信念，讓我不得不明白自己所知是多麼有限。這些旅程給了我自由，讓我不再覺得自己需要提供答案；這教會我要多問問題。」

本章要傳達的訊息是，讓你自己、甚至你身邊的其他人跳脫舒適圈進入不同環境，不再拘泥於用慣有的想法去因應難題，有其價值。但是，誰真的想花時間處在不愉快的狀態？嗯，應該是想要多多練習自身提問能力的人吧。可口可樂國際公司（Coca-Cola International）前任總裁賀博之（Ahmet Bozer）便說了：「提問肌肉就像身體的肌肉一樣，也會萎縮。運動、而且是高強度的運動，是維持問題源源不絕的不二法門。」發覺錯誤、經歷不安等等會向大腦發出信號，告訴大腦必須尋找解決方案。不安可能很輕微而且很緩慢，也可能又急又快，不管是哪一種，我們的心智都會受到刺激，不斷去尋找更好的東西，並反覆思考最重要問題的來源與答案。

艾瑞克森也和我一樣，都在收集其他人對於提問提出的明智觀點。比方說，他就引用了美國詩人溫德爾・貝理（Wendell Berry）的建議：「問一些沒有答案的問題。」他長久以來都用便宜預算走遍全世界，這給了他豐富的經驗和回憶，但艾瑞克森也說得很清楚，他認為最重要的是這激發出了他的好奇心。他寫道，回家時，「我知道我可以引用美國散文家皮科・埃爾（Pico Iyer）的話：『對我來說，旅行的重點是進入複雜、甚至衝突，去面對我在家從不需思考而且也不確定能輕鬆回答的問題。』」[11]

CHAPTER 06

你能安靜不出聲嗎？

明智的老貓頭鷹坐在橡樹。

他見得愈多，就說得愈少。

他說得愈少，就聽得愈多。

我們何不學學這聰明的鳥兒？

——傳唱兒歌

我透過聖塔菲攝影作坊（Santa Fe Photographic Workshops）報名一對一的指導課程時，認識了山姆・阿貝爾（Sam Abell）。我是很認真的業餘攝影師，我知道這樣的安排等於是挖到創意的金礦了。阿貝爾是《國家地理雜誌》（*National Geographic*）的攝影師，資歷長達三十五年，作品名列「國家地理雜誌五十張最偉大照片」之中，而且有兩張入選，堪稱是這一行的大師。而我很快就發現，他持續的指導讓人受益的不僅是攝影功力而已。

阿貝爾異常清楚他如何去做他在做的事。他常說：「我是『從底層出發』的攝影師。」意思是，當他在拍攝時，他是從背景一層層想到前景，並思考不同層之間如何相連。業餘攝影師

很可能抓住明顯的前景主體，有時甚至沒注意到後面有什麼，他則是從場景裡的最遠端開始，從那裡往前構圖。

　　阿貝爾發現，要得到偉大的攝影作品不是拍下來，而是做出來。他說，小時候剛開始建構攝影作品時，這代表他得去對抗自己的直覺，不要拿著鏡頭追著移動的主體，反之，他學著聽從父親的建議：「構圖並等待，山米，構圖……並等待。」先想好希望如何表現比較靜態的背景層，然後，如果你好好選定地點的話，完成照片所需要的動態元素最終就會出現在鏡頭裡，比方說，一位要大步穿越廣場的女士；一頭漫步走過草地的野牛；一名要拋出繩索的水手。阿貝爾學到，關鍵是不去追逐展開的弧線：「要讓繩索過來你這邊。」

圖 6-1　　攝影師為山姆・阿貝爾。

就一本談問題的書來說，講到這麼多攝影要訣或許過了頭、超出你的預期了。我拿出來講，是想要談一個更一般性的重點。我和很多、很多創意思考者談過他們的工作，我總是會問：「在工作環境中，你個人有沒有特意去做什麼事以營造脈絡，或者有沒有哪些背景因素，幫助你找到並提出更精闢、有見地的問題？在你的經驗中，有哪些事情幫助或阻礙你找到／建構正確的問題，導引你想出之前沒想過的新答案？」我一再、一再聽到他們說不會強迫自己逼出洞見，反之，他們會尋求或是營造讓問題能更自然出現的環境，在這當中，他們更可能聽到問題並與之交流。他們構圖，然後等待。

我們在前兩章中已經討論過我聽說的兩種環境：讓自己處於比較能感覺到錯誤的狀態，以及處於更能感覺到不自在的狀態，第三種環境和阿貝爾充滿耐心的工作特別相關，那就是要更安靜一些。

 ## 處於傳送模式會出現的問題

同樣的，對很多人來說，安靜也不是常態模式。不管是老師、領導者或父母，很多人都要在廣播模式下運作，認為自己的角色就是要把話說清楚，給予鼓舞、解釋和指出明確的方向。寶僑（Procter & Gamble）公司的前執行長艾倫・喬治・雷夫利（A. G. Lafley）聲譽卓著，他總愛說自己的工作就是不斷向經理人重

申公司的政策，而且「講得像兒童節目《芝麻街》那樣簡單易懂。」大聲明確去傳輸資訊的情境是很多人的預設模式，而且有很有力的理由支持。但雷夫利也很清楚，這麼做永遠也無法替你開啟大門，無法讓你正面迎向你不知道自己不知道的事，也無法幫助你建構接下來的策略。

在此同時，在某個情境中大聲說出自己的觀點會造成妨礙，讓你無法得知有些人並不認同你當下的意見。琳達・葵頓（Linda Cureton）是一位經驗豐富的經理人，曾經擔任美國太空總署的資訊長，後來離職創立自己的科技顧問公司。她建議，會議的主持人要先擱下「自己的興奮與批評，先讓每個人都有機會建構與表達意見」。她後來決定針對這樣的動態寫一篇部落格貼文，此時卻發現這種錯得離譜的行為絕佳範例就出現在她家裡。當時是夏末，她和家人朋友一起到牙買加度假，有一天，她的兄弟（他是這個小團體的「自認領導者」）愛上傍晚時舉辦一場營火會的點子。激發他想出這個點子的是一位當地人，葵頓寫道：「此人是我們的計程車司機、導遊、汽車技工、廚師、伴遊，也希望成為營火會的主辦人……」她的兄弟在早餐時帶著滿懷的熱情對其他家人提了這個構想，並點了人頭，告訴大家每個人只需要花二十美元就可以參加營火會了。

但是，等他後來去找人收錢時，他覺得很困惑。因為大家一個接著一個退出，說他們沒興趣。葵頓說，事實是，傍晚的時候辦營火會還太熱，除此之外，傍晚風大，大家擔心營火會失控。她的兄弟大為訝異，問為什麼大家不早一點把這些擔憂說出來。

她說，這是因為他已經「判定那是一個好主意，沒有人敢反對他。他結束了與炎熱及失火問題相關的對話。」[1]

這是一個能讓人心有戚戚焉的故事，不僅因為大家都面臨過家人交流的動態，更因為每個人都很能理解她這位兄弟的訝異。我們有多少人也同樣並不自知，感受不到自己用各種隱晦微妙的方法阻止別人提問與分享觀點？我們每天過生活時都強力表達觀點並尋求支持，這樣可能會錯失什麼？多年來我和很多人談過，我從中判斷，人要很努力才能在這方面有所自覺。阿索絲公司的執行長尼克‧拜頓就說了：「觀察和傾聽是兩種最被低估的技能，我發現，如果我太多話了，通常也就代表我正在做錯事。」

如果你想做出能成功的計畫，就必須壓下想要傳送訊息的衝動，並撥出很大一部分時間轉化成接收模式。我聽過有些人會抓一些大方向，替自己營造這種「比較靜默」的條件：第一，更善於傾聽他人；第二，花更多時間去吸收不同形式的資訊；第三，清空心智，掃除占據心智空間的常見噪音紛擾。以下是我針對每一種方法收集到的重要見解與實際做法。

 專心傾聽以便聽到意外的訊息

在訪談中不斷有人提到傾聽，人們常常說到他們會在他人身上看到這種值得敬佩的特質。比方說，麥可‧豪利就談起他和史帝夫‧賈伯斯的友誼。他們兩人很親近，在創立 NeXT 電腦公

司時甚至一度同住。豪利參加了賈伯斯的婚禮，而豪利說賈伯斯「是唯一知道我和妮娜（Nina）私奔的朋友」。他認為，賈伯斯具備很多成為高效創新者的特質。「賈伯斯身上有一點永遠都讓我感動，」他說，「那就是他非常認眞傾聽，就算是偶遇時也一樣。他就是有辦法和你對上並與你交流，並傾注他的全副注意力，我指的是好的那種。這讓對方覺得他眞的把焦點放在這裡，他確實也是。沒有多少人能持續做到這一點。」知名動畫家安德魯・戈登（Andrew Gordon）也說了一個小故事，他早期在皮克斯擔任動畫師時，也曾體驗到賈伯斯極為專注的注意力。當時，蘋果公司正在開發 iPod，這兩人幾乎不認識，但當他們剛好搭上同一部電梯時，賈伯斯馬上和戈登對話，詢問他的音樂品味以及聽音樂的習慣。等到電梯門一開，戈登才發現，在搭乘電梯的短短時間裡，賈伯斯已經知道了好多和他有關的事情。

我之前提過的一場對話，是我第一次和 Salesforce 的共同創辦人馬克・貝尼奧夫的會面，那時我也體驗過一次「對上」的互動。我問他能不能對於希望能想出突破性構想的人提供一些建議，他直視著我，只說了一句：「傾聽。」然後他就站在那裡不發一語，等著看我會如何回應。我本來要問下一個問題，卻自我克制，準備多聽他說。在接下來的半個小時，我學到很多和提問這門藝術相關的事，這些是我過去根本沒想過要問的問題。

我們常教導並鼓勵年輕人要精進辯論技巧與公開演說的能力，才能在對的時機點針對他們在乎的議題提出立論。但我在想，我們是否有適當地強調傾聽的重要性，要靠傾聽才能讓大家

收斂到一個好構想上。內部創業家聯盟（League of Intrapreneurs）的共同創辦人瑪姬・杜・普蕾（Maggie De Pree），學生時代便靠自己學到這一點。她說，她在耐吉（Nike）當了幾個月的實習生，她看到有些地方可以做一些正面改變，而她有機會向一位副總裁級的決策者做簡報。「我充滿期待，」她回憶道，「我有了一輩子難得的機會：善用我新練成的商業技能做出一個讓人稱羨的商業案例。」

當時耐吉經營幾百家公司直營的零售賣場（現在則有超過千家），但是賣場的照明設備能源效率不高。杜・普蕾的構想是全部換掉。她做了功課，算出省下的電費很快就可以超過比較高昂的環保燈具費用，這聽起來似乎是一種可提高獲利的永續行動，近乎零失誤。但她說，這場重要會議開始沒幾分鐘，「我就發現負責人並不像我一樣認為這是一個絕佳好機會。事實上，他認為根本沒機會成事……」他提了幾個杜・普蕾沒有算到的數字。比方說，他說，照明在零售賣場設計上是一門科學，亂動的話會對銷售造成直接衝擊。在此同時，耐吉就像所有光鮮亮麗的零售業者一樣，習慣經常整修賣場，因此，燈具的高成本要花五年才能回收，時間太長。

杜・普蕾說，在這場會議當中，「我大為震驚。我提出的不是商業立論，而是我自己的論據。我用我自己的眼光來判斷對企業來說什麼是重點，卻沒有真正去傾聽重要之事。」就在那時，她不再推銷自己的想法並開始傾聽，她終於明白自己以錯誤的問題來建構立論。對耐吉來說，一天省下一些電費根本不是重點。

若要讓對方接受她的意見，她應該提的論據是這一點和永續企業經營操作的領導地位有何相關。「耐吉自一九七○年代以來就是引領趨勢的公司，向來是創造潮流而非追逐潮流……公司的品牌誠信便在於有能力去做對的事。」杜‧普蕾從這次經驗中學到永生難忘的教訓：當你很努力要為變革提出論據時，你可以「觀察別人如何建構問題或哪些問題能引起他們共鳴，讓他們幫忙扛一些重擔」。關鍵是「要花時間傾聽別人，並理解他們的需要、優先順序與動機」。[2]

 ## 壓下你自己的聲音

德瓦爾‧派屈克（Deval Patrick）曾是麻州州長，現在是貝恩資本（Bain Capital）公司的高階主管，他深信「暫停的力量」。我請他談談他常用哪些實際方法在他的世界裡尋找未知的未知，他給的說法是「這麼問，聽起來好像我真的有訂下什麼偉大的**紀律**似的，但我確實注意到一件事，就是所有人都覺得必須填補對話之間的空白。」壓抑衝動、不衝出來填補暫停的對話，不斷讓他獲益。比方說，他提到，假如某個人「真的很難對主管啟齒說明情況不樂觀，如果你等個一、兩下，他們很可能會深呼吸，然後說出來。」簡單的暫停能得到獎賞，那就是「各種層次的寶貴資訊」。

這是很好的建議，而關於這類的暫停，有一個很重要的問題

是：你自己的心思於這段期間在做什麼？你是忙著思考接下來要講的話，希望能講出一些犀利敏銳的意見，把問題做個結束嗎？還是你在想，你需要的某些洞見此時此刻正卡在和你對話的那個人的腦袋裡，你的使命是把它慢慢哄出來？賽門‧穆卡伊對我說，他學著提醒自己去做後面那一項：「我腦子裡好像一直在播放背景音樂一般，提醒我：**不要搶著說，問問題。不要搶著說，問問題。**」

我曾和一位聰明人物談過「傾聽」這個主題，他就是以調解重大爭議為業的湯尼‧皮亞薩（Tony Piazza）。一九八〇年以來，他幫助人們達成協議的事件逾四千件。會來找他的客戶多半是因為陷入僵局，雙方利害關係立場大不相同，又互不相讓。這一行的主規則，幾乎都是要重新架構各方當事人帶進來的基本問題。多數人都處於一種憤慨的狀態，堅守自己深信的是非。皮亞薩知道，一定要轉化問題，變成實際上有哪些選擇，才能結束這種已然變得漫長且痛苦的情境。一般來說，他只有一天時間能施展魔法。

我之所以聽聞皮亞薩巧妙的調解表現，是因為聽到一位我認識的律師克勞戴‧史坦（Claude Stern）講起；史坦第一次請皮亞薩幫忙調解是一九八九年時的事了。用史坦的話來說是：

　　我先做全員會議（各方當事人和律師都要到場）開場簡報，之後有一件事讓我很震驚，那就是湯尼不但重複我說過的話，還加上了精準的轉折與強調。他在這方面真是個藝術家。使用原來

的用語再加上精準再現對方的模樣能產生效果，讓剛剛發言的人、做簡報的人以及出席調解會的客戶馬上就感到獲得認可了。律師和客戶都相信：「你的確有在聽我說」，湯尼也因此贏得可觀的信任度。後來，在律師簡報之後，湯尼的反應是告訴對方：「我有幾個問題想要問」，並強調「我提這些問題的目的並不是要讓人難堪或羞辱任何人，我只是要問問題。」然後，他會提出相關問題，顯示他已經明白當事人所主張的立場有哪些弱點。這些問題並無惡意也沒有攻擊性，就是很單純的問題而已，目的是對律師和客戶提出建議：「或許你可以針對**這方面**多做一些說明」或「聽起來你聚焦在**這一點**上」。

當另一邊做完簡報，湯尼也會再做一次同樣的流程。因此，全員調解會議結束時，就找到了兩邊的弱點，調解到最後也要靠這一點讓各方妥協。湯尼達成協議的方式，是讓雙方看到自己的弱點、提高他們的風險，由於各方都有意盡量降低自身落入不利局面的風險，因此能合作。這就是他的整套做法。

當我有機會和皮亞薩親自會面時，他讓我看到的重點是，就算他確實有魔法，也不是因為他掌握了什麼神祕祕訣。有很多書籍和研討會教人如何成為協商者，他當然也讀了該讀的資料。這類材料多數都試著提供標準的工具套件或戰術錦囊，供人在不同的情境下使用。但皮亞薩說，套用這些劇本來自我學習，結果很可能是阻礙、而不是促成化解問題。他說：「不管任何時候，當你做好假設，認為要怎樣才能讓某個人從某個狀態轉化到另一

個狀態，那就啟動了一連串的壞事。」這是因為，當你把部分的心思放在分析，想著要如何將會議室裡這些人的行為對應到通用模式上時，「某種意義上你是在把這些人套入某些角色」，卻沒有尊重他們、認真傾聽他們。「你落入了你的『研究人員腦袋』，比對著你的工具套件，想著能不能套用『D 大類第五號問題／情境』。但，你這是把自己和對方切割開來，只用流程來貫通分析。」

皮亞薩的目標永遠都是「盡量減少切割分離；這是因為，在分隔孤立的空間裡會出現衝突扞格，助長鬥爭進行。」然而，他會去思考的，不只是敵對各方之間的切割隔離。身為調停人，必須縮短自己和各方的距離，這表示「要積極、主動地拋開自己的先入為主，才能用全心全意和對方相處」。唯有等到這個時候，再來使用各種方法，比方說蘇格拉底式提問（Socratic questioning）等等，才能帶來事先難以預料的突破，讓協調者用來撼動牢不可破的立場。如果你是根據自身的假設對會議室裡的人提問，你聽到的回答很可能是「你本身想法的回音」，皮亞薩說，如果在這個時候「把你提出的問題稱之為蘇格拉底風格的問題，可以算是在侮辱蘇格拉底」。

 ## 做好準備迎接意外

哈爾・巴隆（Hal Barron）是一位專攻生物科技領域的創業

家，目前擔任葛蘭素史克（GlaxoSmithKline）公司研發總裁，之前則在卡利可（Calico）公司和羅氏藥廠（Hoffman–La Roche）擔任類似職務，他也特別提到懷著假設去接收即將聽到的資訊會有什麼問題。他說：「最重要的就是要真心、主動去傾聽。我說主動傾聽，意思是，如果你的腦子裡開始想到某個故事，那就是**沒在傾聽**。你必須清空腦子裡的故事，你必須真的打開你的耳朵。」他在這裡用了「故事」這個詞，很有意思，這意謂你已經先預設好某種敘事架構，你很確定對方接下來會講什麼，也因此，你會聽到的也就是你想好要聽的。「只要你真的在聽，而不是把對方說的話套進你的故事裡，」他說，「那你就能問出好問題；就因為你不太確定故事會怎樣發展，才使得你**必須**問出好問題。」

巴隆很看重這一點，因為他多次看到問出對的問題能展現多大的力量，他也相信，這是一種應該刻意培養的能力。當我提到有些經理人比較是答案導向而非問題導向時，他說，事情沒那麼簡單，不是認為一種比另一種好就沒事了。「這取決於工作性質、你所處的人生階段以及你在做的事。」當人很年輕或是剛剛踏上某一條路徑時，他們要成為個人貢獻者以及「會議室裡最聰明的那個人」，才能奠下基礎、有所成就。巴隆說，一般人都清楚如何在知道所有答案的模式下運作，「因為多數人所受的訓練都是為了能在這個階段好好表現。」但是，當你在所屬領域中前進，有機會領導他人並發揮更大影響力時，你的焦點必須轉向「用好問題，讓**其他人**變成會議室裡最聰明的人」。難的是「我們並未受到太多足以因應接下來階段的訓練，通常只是看到能啟

發人心的領導者展現的行事風格，然後體悟到：『對，我也想做到那樣，因為我看到這麼做能發揮多大的影響力。』你必須找到一個在這方面表現很出色的人，然後觀察對方。」

史考特‧迪‧瓦勒里歐（Scott Di Valerio）過去在外牆（Outerwall）公司擔任執行長，現在是調味作品（Spiceworks）公司的營運長兼財務長，他也堅信，要做到有效傾聽，你必須清空心裡的期待，不去預期將會聽到什麼。他不斷提醒自己要做到「傾聽以便理解」、而不是「傾聽以便防衛」，這是他很早以前從妻子身上學到的方法。我們很容易去假設對方相信什麼，或是記住他們之前說過或做過什麼，因而阻礙我們真正理解他們實際上想要傳達的訊息。

有些人不僅做好準備以面對意外資訊，他們更進一步，真的**熱切**希望和他們對話的人能讓他們大吃一驚，他們甚至會鼓勵並協助對方完整表達意見。丹尼爾‧拉馬爾對我說了一件事，他在太陽馬戲團創辦人蓋‧拉里貝代身上看到的一項「最驚人特質」是：當某個人在會議上說出一個瘋狂構想時，他的傾向是敦促對方多說一點，而當下「多數人都會踩下煞車」。拉馬爾說，會議室裡的其他人很可能都非常存疑，隨時準備好駁斥發言者的想法，但拉里貝代會堅持：「好，繼續說。我不確定這會怎麼樣，但請繼續說。」

我和印孚瑟斯軟體公司的共同創辦人南丹‧奈里坎尼對話時，也聽到他呼應這種做法。很多人在許多方面要求他提供指引，他很清楚要多花時間處於靜默模式非常困難。這是「企業

領導者要面臨的最大挑戰之一」，他解釋這是因為這些人的工作有很大一部分都是要「去談要做什麼事」。但是，正因如此，特意強化傾聽技巧顯得更重要。奈里坎尼特別注意非口語線索，這些信號在面對面交流中占很大部分。尤其是，他主張要用很樂觀的態度進行對話，相信從中必會得出一些寶貴意見。他的經驗是「當人在說話時，就算說了一些沒什麼用的東西，但必定會有一項極有價值的珍寶。」如果忽略這項珍寶，那就太浪費大家寶貴的時間了。

很重要的是，要記住，就算你在工作上或日常生活中並未積極尋找意外，意外早晚也會找上你。若想在來不及之前先看到大家都沒注意到的意外，隨時提高警覺準備狩獵是最好的辦法。

 ## 要平易可親

在我針對傾聽所做的訪談中，最後一項主題反而是傾聽流程中最早會發生的事：要有機會傾聽，那你必須是他人眼中平易可親的人。有些事雖然你沒有特意去做或去想，但卻會傷害這項特質。電子裝置就是一個很明顯的範例。當身邊的人要找你時，你卻快速地拿出手機開始打字，或是戴上耳機閉起眼睛，這樣就是自絕於外，不給別人任何機會與你邂逅巧遇；你本來或許可以從這些交流當中得知你不知道自己不知道的事。

如果你下定決心，有很多方法都可以讓你更平易可親。當尼

克‧拜頓初到阿索絲公司履新時，他很高興自己能加入一家時尚公司，部分原因是他向來講究穿著打扮，他愛自己剪裁得宜的西裝以及各式各樣優雅的領帶。但是，阿索絲的重點是街頭風格，而且在公司員工組成中占大多數的是千禧世代，他們的穿衣風格比較像嘻哈歌手，而不像律師。拜頓告訴我，沒多久之後，他就清掉他的精緻衣櫃，除了幾套他很喜歡、而且在特殊場合會穿到的西裝之外，「其他全放到 eBay 上賣掉了」。因爲如果他西裝革履進辦公室會顯得太格格不入，架起一道無形的障礙。

利奧‧迪夫認爲，平易可親是最終的產物，出自於「你所做的一切：你的穿著打扮、你的樣子、你的肢體語言、你如何與人相處，以及他們看到你對待他人的態度。」他開玩笑說，很可能的情況是「如果你還用『平易近人』這個詞來形容自己，代表你已經失敗了。因爲這項特質需要變成你的本質，嵌入你的所作所爲，你根本不需要去談要成爲平易近人的人，你本質上**就要**平易近人。」

史丹利‧麥克克里斯托將軍（General Stanley McChrystal）也認同。他對我說，在他尚未晉升將軍之前，有人說他很傲慢。對方說，不管他走到哪裡都很少和人寒暄講話，尤其是同儕。麥克克里斯托將軍（他說自己很內向）承認，雞尾酒會這類場合很少讓他覺得自在，他的反射性因應之道就是保持沉默。這番讓人難堪的回饋意見，讓他警覺到他的作爲（或是說不作爲）產生了負面衝擊，影響到其他人對他的認知。

早年招致的批評敦促著麥克克里斯托將軍，時至今日，他仍

努力移除自己與他人之間的障礙，其中就包括實際從辦公桌後起身，和賓客一起到辦公室另一個角落坐下來。其他領導者也有相似的舉動，比方說將手機關成靜音以及經常突然去探訪高階主管以外的員工。這些簡單的態度舉止，顯示你願意完全投入對話，讓每個人都能更自在地分享自己的想法。這些是展現同理心的行為，奠下讓新構想得以發展的基礎。

 ## 主動尋求被動資料

「問問」（ASK）是麻省理工學院領導力中心（Leadership Center）二〇一七年主辦的活動，這場小型卻充滿活力的聚會，主旨和如何問對問題有關。在聚會中，克雷頓・克里斯汀生對大家說，若想成為最早看出破壞性機會（對的問題會自動出現在這裡）的人，應該要「主動尋求被動資料」。他定義的被動數據，是你需要、但又「無聲無息、沒有清楚架構，沒有人擁護也不會列入議程」的資訊。換言之，這類資料不會因為有人事先判定這很重要並設法整理出條理、因而得以突破重圍出現在你眼前。這些是「未經篩選的脈絡，永遠都在，但是不會大聲嚷嚷」。這要靠你自己去搜尋查找，要讓你自己因為這些資訊而絆了一跤，你還要自己去吸收消化。

假設你是一位滿腔抱負的創業家，或者，你的部分職責是要提出新產品與服務。你想要為這個世界提供一些世人想都想不到

的真正創新事物，但，你如何知道人們會需要某些還不存在的事物？你身邊沒有任何使用心得回饋，因為根本還沒有人用，完全沒有相關的統計資訊可為佐證。希望你運氣夠好，設計出有用的市場研究調查，告訴你有哪些還不存在的東西事實上是必須要有的東西，大家又會花多少錢去買。但是，如果你也同意，豐富的被動資料其實就在自己身邊以及其他你可以探索的地方，你就可以主動去探取。你可能會注意到顧客面對遺憾的取捨時表現出來的沮喪，或者發現不同業務類別中應用的科技也可以用在你的事業上。因為「被動資料不會自我推銷」，克里斯汀生說，「因此你必須自己去找，拼湊線索。」當你特意和真實生活裡的雜亂脈絡互動，而不是呆坐著等待別人為你提供整理好的分析，就能得出重新建構的問題，創造出人們需要的新穎解決方案。[3]

克里斯汀生針對這個主題提出的建議，讓我想起彼得・杜拉克的觀察：「創新的機會並非隨著暴風而來，而是微風吹拂的結果。」他們讓我更清楚知道，傾聽不只和某個人想要傳達訊息有關，有更多是在醞釀「靜默」的條件，不僅是設法不要主導對話而已。重要的是，要身在更廣義的接收模式當中，找到各式各樣的弱信號，不要讓這些訊息被噪音淹沒了。這便是「用心」的核心訊息，也是艾倫・蘭格與其他人強力倡導的處世之道。[4]本書的目的不是要替這類研究發聲，但我要強調基本概念是去留意生活背景當中的事物，並偶爾將它們拉到心智的前端。

我在麻省理工的同事艾德格・夏恩說這種方法「比箴言或冥想更有力」。他說起和蘭格談到一個案例，案主偶爾會關節痛。

痛楚來襲時，案主會敏銳地察覺到當下的狀況，因為這樣的痛苦並不是經常存在。而蘭格的問題是：「那不痛的時候呢？那時候又是怎樣？」夏恩認為這真是一個力道很強的問題，因為他突然領悟到：「人怎麼能只因為認定那無關緊要，就抹去自己四分之三的經驗？」用心，意謂要更關注你通常不會注意的事物、你認為理所當然的事物，以及很久以前你就不再問的問題。簡言之，這和無心正好相反。

 ## 靜默模式，思考時間

同樣重要的是，要撥點時間在靜默獨處的狀態下好好思考，這其實說的是要傾聽自己的想法。最近我發現我很同情一位歐洲零售業高階主管，因為她「被人抓到她在思考」。那是可以收錄於照片圖庫的經典時刻：她靠在辦公椅上，看著窗外，認真地思考一項策略性挑戰，而她的主管、也就是執行長經過，發現她「沒在做事」。主管探頭進來問：「妳在做什麼？」處於沉思中的她嚇了一跳，簡單回答：「我在思考。」他接下來說的話（「那妳什麼時候要**開始工作**？」）說盡了他的掌舵信念。我聽到這件事的反應是搖搖頭說：「我真不敢相信！」但她好像已經看開了，她說：「相信我，就有這種事，過去如此，現在亦然。」

幾十年前，加拿大麥基爾大學（McGill University）領導學的知名學者亨利・明茲伯格（Henry Mintzberg）研究執行長的日常

工作模式，分析顯示，他們一天中花在單項工作上的平均時間是九分鐘。沒錯，平均來說，資深領導人只有九分鐘時間專注在特定工作上，之後就要處理下一項了。[5] 現在快轉到二〇一七年，哈佛商學院的研究人員研究六個國家的一千一百一十四位執行長，發現花費的平均時間更少了：他們一天裡花在每項任務的平均時間為五・三分鐘。[6] 在此同時，基層員工也被要求用更少時間做更多事以帶動企業運作，他們的工作步調也加快了。簡單來說，在多數組織中，從高階到基層，所有人都愈來愈無法好好思考。

創意提問者有一項特質，那就是他們堅持不管怎樣都要找出時間、清空心智並深思尚未解決的議題；他們通常都在獨處時這麼做。我在課堂上或研討會中常問學生或與會人士一個問題：「當你想出最棒的新構想時，你人在什麼地方？」答案幾乎都是他們的思考可以不受打擾的地方，比方說搭飛機時、騎單車時或是淋浴時。我們一家住在法國的那幾年間，所居住的屋子在楓丹白露附近的三山牆森林（Trois Pignons Forest）邊緣，屋子有一個代代相傳的名字叫「隱居屋」（La Solitude）。這是一個專供隱居獨處的地方，就算旁邊有其他人也不會造成打擾。我們的客人常說，這裡很能讓人去思考工作的問題，更常讓人去反省人生。

 ## 每天閱讀，深入閱讀

我曾經問過研究所時代的名師邦納・里契（對我來說，他顯

然是全世界最優秀的提問者），他是如何增進自己從不同觀點看事物的能力，他很簡單地說：「我讀書。」當你想要讓自己安靜一段時間並聚焦在吸收資訊這件事上，還有什麼方法比讀書更好？無須訝異的是，很多人也這麼說，比方說 eBay 創辦人皮耶・歐米迪亞以及 VMware 公司的共同創辦人黛安・格林（Diane Greene）。艾德・卡特莫爾特別愛讀非小說類的書，讀遍了偉大史學家的經典作品以及最新的腦科學相關書籍。這類書提供了他日常生活中通常無法得知的資訊，還可以觸動他的思路，串聯到他正努力解決的挑戰。

閱讀的益處需要詳細一點來說，這些好處當中有很多和文體本身有關，有一些則和讀者閱讀時的心態有關。就格式來說，一般而言，整理成書面的想法會比口語或其他不符文法的格式更有條理、說明得更清楚。書寫是傳遞大量資訊的有效模式，模糊不清之處最少。我很確定，正因如此，亞馬遜的經理人才會堅持，提出行動建議時要用書面報告與其他溝通方式，而不能是（舉例來說）寫滿分條列述的簡報版面。當亞馬遜人談到公司文化時，通常會說是「書寫與閱讀導向」。

很多時候，精心編製的文章也會明確指出它要回答的問題。作者會設定好背景脈絡，明白說出他們要處理的問題，並說明為何這就是正確的問題，不管過去其他人用哪些不同的方式去建構。（請回想第一章中提過的麥爾坎・葛拉威爾在這方面的相關做法。）這實際展現了我一直在談的觸發性特質：作者闡述一個有趣的問題，邀請讀者投入參與，就從這裡展開探索。

同樣重要的另一方，是坐下來認真閱讀、讓自己進入期待學習狀態的人。閱讀內容不會要求讀者給予即時回饋，因此讀者可以接收更多富有挑戰性的想法，又不會覺得當下必須做出任何反應，也可以多花點時間好好思考。如果讀者被內容激怒，也有時間去消化處理。如果覺得內容讓人困惑，也可以再次重讀，或是參考其他來源。觀賞紀錄片、線上談話或現場演講也能帶來許多類似的益處，但是閱讀時要投入的時間，以及閱讀流程所需的全副注意力，更能讓人和書中的想法交流。這或許不是外向者習慣的遇見新問題管道，但可以達成營造有意獨處的目的。[7]直觀公司共同創辦人史考特‧庫克（Scott Cook）的座右銘是「品嘗驚喜」，看來很適合用在這些沉思時刻，因為此時會有最好的意料之外新問題——以及答案——浮出檯面。

 ## 清空你的腦袋和心

最後要來談談一種馬克‧貝尼奧夫、穆琳‧琪凱特、瑞‧達利歐（Ray Dalio）和歐普拉（Oprah Winfrey）等人大力支持的平靜，那就是正式的冥想練習。艾德‧卡特莫爾每天早上都會冥想，起床後很快地約花一小時練習。他是佛教子弟，甚至會去參加「禁語冥想靜修」。參與者在十天的禪修當中要進入「高貴的靜默」（noble silence），他們會接受引導，做完一套能讓他們長久聚焦在內心的流程，一開始先一心一意專注在呼吸上，並提

高自身能力去體會到過去忽略的感受。為什麼要這樣做？一如很多佛教教義，這套演練是希望人能培養出更高的能力，擺脫生活中攬著的牽絆；我們不會特別去注意這些東西，但它們會讓我們受苦、裹足不前。試過的人說，嚴守紀律沉浸在安靜默然當中，讓他們可以去探問內心深處最重要的事物是什麼。

這也可以讓心智養成習慣，更能促成創意思考。我曾和迪士尼動畫的製作資深副總安・勒・康（Ann Le Cam）對談，後來話題轉向卡特莫爾。「我記得艾德剛來迪士尼動畫時我和他坐在一起，」她對我說，「當他在了解這裡的一些流程時，他總是會問：『你們為什麼這麼做？』他會問些很重要的問題，接著就是長長的沉默。他就是坐著，看著你。然後你開始講話，開始填補空白。」當有人對他提問時，卡特莫爾也會暫停一下，先想一想他本來可能會隨口說出的答案是什麼，然後更深入思考。他的節奏和一般的隨興對話截然不同，因而使人有點不知所措，但之後卻留下深刻的印象，因為「感到確實有一些想法進入對話中了」。有一位皮克斯的動畫師說：「這就好像冥想之類的。」

卡特莫爾不是唯一發現冥想寶貴之處的創意型企業領導者，馬克・貝尼奧夫也每天做冥想練習，他尤其希望能平抑自己心中紛擾吵嚷的訊號，從而更能掌握世界的微妙變動徵兆。他自述他的練習，一開始先感恩，去體認他要感謝的事，然後進入寬恕，把讓他困擾或失望的事情趕出心裡。他坦承自己的焦慮，然後刻意放到一邊去。當他清空心裡這些會消耗他的思維的問題，就能敞開心胸，迎向常被壓制或被淹沒的新認知與想法。冥想練習已

經證實能在生理上帶來效果。舉例來說，研究顯示，冥想可以降低血壓與減慢呼吸速度。而且也有強力的證據顯示，冥想可以提振創意思考，並藉由營造空間導引出新的問題和洞見。

 靜默之聲

本章的重點，是我看到創意人士在生活中與組織裡尋求的三種環境條件當中的第三種，姑且稱之為「靜默之聲」。對很多人來說，這是所有環境條件中最難維持的一種。[8]與傳輸模式相較，用接收模式來運作並非自然而然之舉，對於很多精力充沛的人而言尤其如此。這是一種必須特意、持續並積極強化的環境條件，以利觸發性的問題浮現。

意志堅定、不容許有問題的人，說話絕對很大聲。他們強力主張自身觀點，不去傾聽，也不尋求更多的參考意見。反之，提問型的人會更努力展現自己在接收資訊，少顯露傳輸模式。有些人是為了自己，去練習從事冥想與強化傾聽技巧。有些人則是為了所屬的團隊或是所領導的團隊這麼做，制訂新的流程並醞釀新的慣例。

成功的個人、團隊與組織，會主動建構適當的背景條件，好讓創意思考蓬勃發展並讓大家聽到。特意建構出一層層狀態穩定的基礎之後（請回想一下前述的多犯錯以及不自在的環境條件），他們就可以等待；他們不見得有耐心，但確信必會出現

圖 6-2　在耶路撒冷安靜地等著人走來。

圖 6-3　在塞納河上安靜地等著船過來。

圖 6-4 在波士頓北岸安靜地等巨浪。[9]

某些稍縱即逝、非常寶貴的洞見。最重要的是,當動人的元素出現在視線中,他們會看到也會知道那是什麼:那是乍現的靈光,要好好掌握,也證明了所有鋪陳適當「背景」環境所做的努力都是值得的。

他們構圖,然後等待。

07

你要如何導引能量？

能將問題與想法轉化成真實成就的人，
才是真正增進社會發展的人。

—— 麥可‧豪利

○○二年某日，當時在一家私募股權基金公司擔任財務
高階主管的蘿絲‧瑪卡莉歐（Rose Marcario）坐在豪華禮
車裡，卡在紐約的車陣中。她進城是為了新一輪的投資募資，當
禮車從慢慢走變成完全停下來時，她嘆了一口氣，滿是沮喪。望
向窗外時，她就知道問題是什麼了：她看到「一個人正要過街，
他顯然有一些精神上的問題……在街上不斷地搖搖晃晃」。瑪卡
莉歐的母親也為思覺失調症所苦，所以她很清楚相關的徵兆，但
隨著時間一秒拖過一秒，她也失去了耐性。那個人「害我得一直
等」，她之後說，「我還得趕場！」一分鐘後，「我從車窗裡
看到自己。」她幾乎不認得自己緊張、被激怒的臉龐，她請司機
靠邊停，讓她下車。「我走到中央公園去接觸大自然，然後我在

想，」她說，「我已經變成這樣了嗎？這就是成功嗎？」[1]

這個問題帶有觸發性質，當下一切都可能改變。我們也都有過這樣的時刻，比方說，覺得再也受不了或是瞥見有可能成就更好的自己之時；然而，最終什麼也沒改變。我們分心了，或者發現要改變就必須做出犧牲或是得辛苦工作，我們就放下這樣的心情，算了。但瑪卡莉歐沒有。她辭職了，之後花了很多時間去尋找，看看什麼樣的工作與她想要體驗這個世界的方式相契合。她做了大改變，最後接下致力於永續經營的巴塔哥尼亞（Patagonia）公司給她的工作，成為財務長。五年之內她成為執行長，至今仍擔任此一職務。

蘿絲・瑪卡莉歐有什麼不一樣？簡單的答案是她想辦法善用了那個當下，找到當中的動機，將能量導引到行動上。她經歷了一個完整的流程，將新洞見轉化成新現實。唯有這麼做，她才能體會到這個問題的潛在價值為何。

無論我們談的是個人面還是整體社會面的轉型，問對問題這件事永遠都很重要。《顯微鏡下的科學革命——一段天才縱橫的歷史》（*Ingenious Pursuits*）一書談的是科學革命史，作者麗莎・賈汀（Lisa Jardine）說：「任何領域在進步之前，都會出現忽然的想像力大跳躍，身在其中的群體看出了其中的美妙之處，並激發他們回過頭來採取進一步的行動。」[2] 就像前文所暗示的，問題只是一個開始。這是得出答案的關鍵，但真正要找到答案通常需要付出其他努力，實踐新解決方案則要再投入更多心力。

用我最喜歡的比喻來說，問題是一種觸媒：問題降低了思考

的阻礙，並將能量導引到另一條完全不同的路徑上。但這股能量還是需要接上帶動變革的引擎，也必須有人去管理和維持。我認為，問題與提問者在創意發明與個人變革流程中，之所以沒有得到應有的評價，部分原因就在此。每當有一個人到最後確實創造出不同局面，就有幾十個人在中途就放棄。我們都看過某個人提出了改變觀點的問題，卻沒有進一步去追問意義與答案。當提問的人無法履行自己的承諾，就會讓別人感受到深沉的失望，恨不得當初沒人提這些問題就好了。在此同時，他們很可能也拖遲了其他行動，並浪費了大家的時間。

但也有些人替問題掙回應得的評價，在這一章裡，我要分享我從他們身上學到的事：這些人導引了能量，將提問轉化成洞見，然後把洞見化為影響力。

 ## 把問題往上拉

我用蘿絲‧瑪卡莉歐的小故事作為本章開場白，部分原因是我在撰寫本章時想到了巴塔哥尼亞這家公司。我一直在和那家公司的人聊公司的發展史。巴塔哥尼亞公司的緣起，是因為反物質主義的衝浪人兼攀岩人伊方‧修納（Yvon Chouinard）在因緣際會之下成為生意人。這樣的發展過程為他帶來他獨有的問題：**我要如何在不失去靈魂的條件下生存下去**？

到頭來，這個問題當中蘊藏著豐富的內容，讓他花了很多年

處理。他想辦法調和自己不同的追尋，然後進行重新建構，看看放在做生意的脈絡下會有何意義，讓各個面向拉扯的張力不致於緊繃到無法忍受。而隨著他創辦的企業不斷壯大，下一個相關的問題也隱隱出現：**一個在乎這股張力的領導者要打造一個什麼樣的組織**？他思考這個問題的結果，後來集結成二〇〇五年出版的《越環保，越賺錢，員工越幸福！Patagonia 任性創業法則》（*Let My People Go Surfing*）。我猜想，他寫作本書的用意並不是把自己推上暢銷書作家排行榜，而是強迫自己去找他真正的信念是什麼，並加以闡釋。[3]

在此同時，他必須面對的更強大張力也在醞釀當中。修納創立公司的基礎是他對戶外活動的愛，如果公司的製造與經銷營運活動快速壯大，因而傷害了環境，那會如何？如何才能將環境傷害降至最低？這個問題為這家公司注入能量，多年來在轉向有機生產纖維這項大工程上也頗有進展。

接下來，該公司的雄心──以及問題──又更上一層樓。除了減少對地球造成的負面影響之外，要如何才能在淨衝擊為零（net-zero impact）的條件下營運？而且，以這一點來說，不僅要做到對環境沒有負面影響，還要做到連整個社會都考慮進去？甚至，要怎麼做，才能讓淨衝擊為**正**？巴塔哥尼亞公司此時所處的階段，是質疑「社會為了讓企業繁榮興盛就必須做出痛苦取捨」的假設。

與服飾業裡的大公司相比，巴塔哥尼亞的規模算小，基本上是大產業裡的小蝦米。它可以解決自家的問題，但這樣就夠了

嗎？公司裡的人開始發問，這個已經全球化的產業多數的發展方向幾乎都是完全相反，在此脈絡之下，他們可以創造出哪些不同的局面？這家公司如何能將影響力傳播給其他同業，其中有很多人還是他們的直接競爭對手？這又把問題推得更遠了，就連在巴塔哥尼亞任職已久的員工也有同感。對某些消費者來說，這家公司的營運非常契合永續原則，這是很重要的差異化因素。如果要談到發揮更大的影響力，則會引發一個合理的問題：「如果其他公司也效法我們，我們卻因此失去競爭優勢，那會如何？」

就我來看，這是巴塔哥尼亞公司史上最有趣的轉折點之一，因為這個問題可以用很特殊的方式倒過來看：「如果其他人都**不要**跟上，那會怎樣？」公司裡其他人回答：「如果我們真的想要保護環境，其他公司想跟我們一樣，那不是一件好事嗎？如果我們巴塔哥尼亞公司免費放送自己的知識，教大家如何變得更環保，那會怎麼樣？如果我們真的幫助也想這麼做的競爭對手，那會怎麼樣？」

蘿絲‧瑪卡莉歐大約就在此時加入巴塔哥尼亞公司。這家公司很吸引她，因為這裡提出的問題很有意義，也很契合她個人的優先考量，遠遠勝過投資業只看下一季獲利的短期焦點，她說：「每股盈餘就像繞在脖子上的鎖鍊。」她決定加入巴塔哥尼亞，代表一家好問的公司另有優勢：可以吸引有才華、能解決問題的人才。瑪卡莉歐現在負責下一個階段的問題：「我們要如何讓業內**不**跟隨我們的公司覺得不安？」

這也難怪，巴塔哥尼亞的員工會持續熱情地追尋答案，以回

答最初那個觸發性的問題：「我要如何在不失去靈魂的條件下生存下去？」這是一份不斷給予的禮物。當我在審視和許多巴塔哥尼亞資深領導人對談的逐字稿時，發現並無任何特別突出單一的提問做法或是創意訓練、能成為帶動與維持能量的不可或缺力量，這裡有的是一套核心文化價值與行動，讓提問——以及回答——生生不息。

舉例來說，這些在我和狄恩・卡特（Dean Carter）的對話裡就很明顯；他是巴塔哥尼亞公司的副總裁，負責人力資源與共用服務。他對我說起公司做過一個先驅決策，取消員工年度考核的鐘型績效表現評等分布。自此之後，很多其他公司也跟上這股趨勢，但在巴塔哥尼亞，這是深入追問績效管理應該試圖達成哪些目標所得出的結果。

卡特說明另一項和員工服務相關的決策，更是深得我心：在企業總部內開設日托中心。這很難說是一個明顯易見的決策，畢竟，有多少企業有日托中心呢？但卡特說，回過頭去看的話，其實每個人都看得出來應該要有。他在二〇一五年時進入巴塔哥尼亞，之前他在其他公司負責人力資源業務，非常熟悉員工敬業度的難處。民調公司蓋洛普（Gallup）每年都會衡量美國勞工是否覺得自己敬業，結果總是年復一年讓人難過。二〇一五年時，不到三分之一的勞工說自己很敬業，相較之下，有百分之五十一的人說自己不敬業，百分之十七說自己故意擺爛。因此，卡特就和大企業裡任何人力資源主管一樣，試著找出：**我們能怎麼做，讓工作對員工而言更有意義**？

他告訴我，在巴塔哥尼亞工作幾年之後，他對於自己過去用狹隘觀點思考這個以及其他人力資源問題感到非常羞愧。他指著走廊，當時有一位員工正推著嬰兒車，上面坐著一個幼兒，他說：「我的羞愧有很大一部分與這部嬰兒車有關。我在人力資源這一行做了二十年，結果，敬業——以及性別平等——的答案就在這裡。」用這些條件來建構在公司內部設立日托中心這個問題，結果「這是一個簡單到不行的答案」，卡特大聲說，「我要是早知道，早就大力倡導了。」

多年來我花了很多時間待在很多公司，我必須說，這裡確實是一個尋求事實的地方。巴塔哥尼亞公司的員工崇尚要在公司裡裡外外做到「非常透明」，某種程度上已經變成有點像「極限運動」。他們聘用專人預先解決問題、追根究柢尋求真相、獨立行動、照料員工並創造不同的局面。他們秉持宣告「**我們對此很認真**」的價值觀與行動，為這些堪稱極端的行動背書；他們很清楚追求某些長期利益、志業與承諾將會導致短期成本，但他們認為可以接受，而且是大可接受。

再回過頭來談蘿絲·瑪卡莉歐，巴塔哥尼亞的材料創新資深總監麥特·德懷爾（Matt Dwyer）對我說的一席話，讓我認為她會致力於將這一切延續下去。德懷爾是一位經驗豐富的科學家，永遠做好準備，在方法與材料上挑戰現狀，舉例來說，他會想辦法讓防水性能更持久。他說：「蘿絲很能身體力行提出讓人不安的問題，她在這方面的能力超越我認識的任何領導人，而且，她會直接戳破不合理的答案。」

我是指，她會用有感情的態度這麼做，但也會讓人感受到不安。唯有「不安」一詞才能說明那種感覺。我在這裡任職愈久，就愈想要學她這一點，因為我一直也想做到這種地步，但通常都沒辦法這麼直接。我會問兩、三個問題，而她只問一個問題，而且是讓人很不安的問題，直指問題根源，然後繼續進行。她可能會去修正問題，或者把話挑明了說：「嘿，這是很嚴重的失敗，我們不能向前邁進了。」她做這些事情時很有效率，而且她不害怕。

在巴塔哥尼亞公司，解決一個問題之後，他們會檢視這個問題接下來有什麼更重要的意涵，藉此導引前一階段釋放出來的能量。這家公司永遠都在提問，讓手有地方可以握、腳有地方可以踩，攀上新的高峰。

 ## 把問題往下傳

在此同時，凱悅酒店集團（Hyatt Hotels）近期的成就則是另一個故事，始於一個又大又抽象的問題，然後往下推演，找到方法將問題創造出來的能量匯聚起來，並向下扎根以產生影響力。這個大哉問是這樣的：「旅館管理的重大決定多半為營運效率導向考量，但我們為何不透過顧客體驗的視角來看這件事呢？」在這個領域要問的問題是：「我們少了什麼？」凱悅集團二〇一一年時新聘一位創新長傑夫・賽門邱克（Jeff Semenchuk），

他帶來的是他堅守的信念，認爲要用「設計思維」的方法來從事創新。

我認爲，凱悅集團的起點，就是克雷頓・克里斯汀生所說的「主動尋求被動資料」。當然，凱悅有大量的資料，而且是主動資料，我的意思是指，這些資料分析了飯店千百萬椿交易的表現，也涵蓋了全球的客戶行銷接觸點。但主動資料僅反映了過去所提的問題，凱悅顧客群組成出現重大質變是現在進行式，過去的資料無法著墨太多。賽門邱克就說了：「我們發現，以全球來說，我們的顧客有百分之三十七都是女性，以住客比例來說的占比更高。但我們就是沒有注意到這一點。這裡蘊藏著一個貨眞價實的機會在對我們喊話：『嗯，女性賓客有沒有一些未被滿足或之類的不同需求？如果有，那是什麼？我們又如何能提出更好的因應之道？』」

賽門邱克最初爲了修正這一點而啟動的倡議行動，後來成爲集團內最愛的範例，用來說明「凱悅思維」──這是指凱悅專屬的客製化設計思維──如何帶來突破。[4] 流程的起點，是下定決心做好「傾聽與學習」。賽門邱克的團隊從和女性對談開始，其中有很多都是訂單人房的商務人士。她們的差旅經驗是怎麼樣的？她們來到旅途中的住宿地點時，什麼事情會讓她們開心或不開心？賽門邱克說，某種程度上，「對我們很多同仁來說，最困難的事就是這個：好好檢視重點領域，不要馬上跳入解決方案。」反之，他們必須「從提問開始」。凱悅集團創新方法中的其他部分包括定義需求、腦力激盪、做出原型以及測試，但在第

一階段，全部的重點都在於要對有血有肉的真人產生同理心，並吸收消化被動資料，同時還要不斷琢磨問題，因為這些問題在後面的階段能帶來能量。

進入「定義需求」階段時，賽門邱克的團隊會根據訪談筆記篩選，找出主題。有兩大主題最明顯，一是女性獨自旅行時常覺得只能困在飯店。很多女性覺得一個人出門吃飯很怪，自己在附近遊逛也顯得很弱勢。她們待在房間裡的時間比男性更多。這就營造了寂寞的經驗，而且，由於傳統人口特質之故，客房的原始設計考量的是男性，房內根本少有什麼特點吸引女性長時間獨處。第二項發現則指向多數獨自旅行的人都是商務客，途中經常要和其他同事會面。團隊通常在工作上需要聯絡，但是去工作夥伴的旅館客房開會又讓人覺得不太對。因此，至少有兩大需求需要好好解決：女性旅客想要多走出客房，但又不希望覺得奇怪或弱勢，還有，她們需要中性的地點以進行臨時的會談。

一旦找到需求，下一階段的工作就可以進入如何解決需求的問題了。這時會進行腦力激盪，但是，規劃腦力激盪這件事本身也會引發問題：誰應該出席？賽門邱克舉例說明，如果想改革的是「客人到來時的狀況或是前台相關事務，一般的做法都只有前台人員會參與解決問題。但我們會說：『你知道的，我們何不請房務員也來談談？我們何不請財務總監過來？我們何不去問問服務生……也請教一些外部人員，比方說在不同產業做類似工作的人？』在腦力激盪階段，我們很努力想要得到多元觀點，因為這是我們能得到最多想法的時候。」

接下來，就到了將腦力激盪得出的最佳構想實際做出原型的時候。什麼叫最佳？賽門邱克說，有一些問題有助於辨識：「最簡單的做法是什麼？最難的做法是什麼？轉變幅度最大的是什麼？到頭來能讓我們賺最多錢的是什麼？我們考慮各種標準以選出某些構想，之後我們會說：『現在，就讓我們來做出原型吧。』」

　　打造原型時，設計思維的操作方法以及精實新創企業遵行的概念，都是運用「低擬眞」（low-fidelity）的解決方案，先求有，再根據眞實顧客的回饋意見來回琢磨，不斷求好。這一點也對凱悅集團帶來一個極具挑戰性的問題。半生不熟的構想可以端到顧客眼前嗎？這樣做會在客戶體驗和品牌面向上帶來哪些風險？賽門邱克提到集團推出了第一個「偷閒酒吧」（Escape Bar）的原型，把凱悅歐海爾飯店（Hyatt Regency O'Hare）當作「實驗飯店」。當他的團隊向經理推銷這個概念時，他們很願意試作，但看到的難題是爲期三個月的試行專案需要一些基本建設，成本約爲五萬美元。「我們說：『不用，我們去儲藏室看看有哪些家具堆在那裡，可以拿出來用，』」他說，「他們覺得困窘，但一天之內我們就有了偷閒酒吧，客人也開始湧進來。」創新團隊坦率面對顧客，因此平息了旅館經理的疑慮。團隊去找客戶，對他們說：「這是一項實驗，您能否給我們一點意見？對了，這項實驗零成本，所以請不要擔心，您不會害我們傷心。請問我們要怎麼樣才能做得更好？」客人提供的意見不僅包括了好建議，也顯示他們眞的很喜歡體驗嘗試新事物而且有機會受人重視。凱悅

的員工逐漸以做出原型帶來的新問題為思考核心，現在更深深受到吸引、醉心其中：「我們如何用最低成本來推出最簡單又可行的解決方案，讓我們能從中學習？」

最後，「凱悅思維」的測試階段也有其特有的問題：「我們要如何證明值不值得推動這番改變？真的會對飯店的績效造成實質影響嗎？」做過績效評量的人都知道，這些問題又會再衍生出一系列問題，一開始的問題會是「哪一方面的績效？」，看重顧客滿意度評分、回頭客、整體營收甚至最終的衡量指標獲利能力，是對的焦點嗎？賽門邱克說，凱悅使用「各種不同的方式來衡量不同事物的影響力，有營收，有精簡下來的成本，也有淨推薦分數（net promoter score）」，而且，在至少一家飯店宣布成功並提出佐證的資料之前，不會貿然推出新構想。[5]

我認為，凱悅故事的重點在於問題蘊藏的力量。故事裡有一個團隊，一開始問了一個重要、讓人充滿能量的問題，然後盡可能快速且確定地導引這股能量，以發揮影響力。在巴塔哥尼亞漫長的公司發展史中，我們看到的是初始的好問題的影響力不斷往上拉，在這裡，我們看到的是往下傳，從更聚焦在客戶體驗這個廣泛的目標出發，一路往下傳到在大架構下執行具體解決方案的最細微營運細節。

這兩個案例裡都有替提問掙回好評價的倡議行動。他們在重要面向挑戰假設，讓很多人最終擁有不同眼光，而且得出好成果，每個人都覺得比以前更好了。這類由問題帶來的成功，會促使組織更能不斷提問。

管理情緒弧線

重新建構觀點並指出解決方案新路徑的問題，會讓人激動、讓心情激昂。即便是小型的「問題大爆發」（在第三章中提過的腦力激盪提問練習），這一點也很明顯。「問題大爆發」的操作條件受控，好處之一，是很容易收集大量資料，看得到提問之前與之後的情緒變化。光是第一輪之後，有八成的時間都能對心情產生正向效應（就算是頑強抗拒的人，在重複過程之後，也會看到他們的情緒好轉）。當人能正面迎戰卡住自己的問題時，會覺得比較愉快。

我們都聽過一種說法：每一次有人問出新問題、打開了新視野，就會有歡愉的時刻，不管是高亢的「啊哈！」或是「我找到了！」，還是比較低調地勾起好奇心想要一窺究竟（「咦，這滿有意思的嘛……」），最終都引導出更好的答案。就算問題沒有馬上帶出答案，也有力量引燃我們的想像力，讓我們有理由可以期待。

正面的情緒反應能回過頭來釋放能量，心理學研究也讓我們了解到這一點；多項探討分析都指出正向心情可以帶動創意。[6] 當人比較開心、覺得充滿希望時，通常也較有動力用創意來思考，在認知層面上亦更有能力做到。以參與創意研究的人來說，心情較正面的人比較能做出創意連結，思考時也能跨越更廣泛的範疇。[7] 從反面來說的立論也成立：抱有負面心情的人比較容易

錯失機會，忽略有趣的解決方案。舉例來說，近期有一項實驗探討人如何歷經壓力，結果發現壓力大的人比較無法想出異於平常的構想和組態，這就和創意研究中的受試者大不相同，後者在迴然不同的素材輔助下常能快速想到這些東西。作者群的結論是，壓力愈大，就會讓人「愈無法忍受不協調」，因此讓他們的「心智發展出僵固性」。[8]

因此，進行擴大範疇、挑戰假設的提問，有雙重的提振心情效果。這本身即是一種會讓人充滿希望的活動，再者，當人因為新問題而看到新解決方案時，比方說，用新角度來因應一個已經開始變得棘手的問題，又能帶來更多能量。

但這當中也有風險：一旦出現比過去更嚴重的挫折低潮，就會打消這股正面能量。如果後來發現新解決方案的可能性是假線索，或者只是讓人去做一連串的苦工，只有阻礙、沒有任何短期的獎勵，就會引發危機。這就是出色與沒那麼出色的領導人分出高下的時候；我在麻省理工學院的同事羅聞全對這種事知之甚詳。他問了一個問題：有沒有更好的方法可以為發現新藥流程提供資金？流程中的風險，是募資的一大障礙。財務工程能否降低這種風險，為這個領域注入更多資金，最終能更快為病患提供解藥？他建議採行大型的「大募資」（megafund），當中有一大部分是由金融投資組合公司發行的長期債券，這可助苦等資金的專案一臂之力，同時又可為大型法人投資人與基金經理人提供更安全的投資選項。[9]

對於和羅聞全合作的人來說，這是一個讓人感到充滿能量的

問題，但是，要有實質進展也表示必須要快速行動，不僅是提出問題而已。「有願景還不夠，」他說，「還要能夠把團隊中每個人的貢獻搭配到願景上。換言之，這必須是務實的願景，而不能打高空，還有，有一部分的挑戰是你要知道能對同事有多大的期待。有時候他們甚至不知道自己的能力到哪裡，因此，能讓人感受到成就、目標與能力，才是整合的關鍵。」當了不起的問題要轉化成多年的努力以便落實答案，專案領導者就要負責持續將正面能量注入團隊裡。

特瑞莎・阿瑪柏（Teresa Amabile）和史蒂芬・克拉瑪（Steven Kramer）所做的研究很重要，這裡務必一提。研究顯示，以持續參與某項任務的人來說，他們一定要感受到有所**進展**。順帶一提的是，這兩位學者發表本項研究時，還提出了一個經過精心重新建構的問題，可供任何領導團隊（比方說，一群負責開發創新應用程式的軟體開發人員）、背負期待的人使用。如果這些經理人認為，問題的重點在於：「我應該提出什麼樣的獎勵報酬，才能誘導員工產出更多優質的成果？」本項研究則建議他們再想想。比較好的問題是：「我可以多做一點什麼，以利促進團隊的進度並盡量掃除障礙？」[10] 事實上，我們應該要假設人真的想做出好成果，並把焦點轉向是哪些不必要的困難妨礙他們做到這一點。

從提出鼓舞人心的問題到轉向落實可行的答案，要管理這個過程中的情緒弧線，目標之一是讓問題最初帶來的能量爆發盡量延續下去，別讓這股能量四處散逸。我認為，凱悅集團在這方面

做得很好。賽門邱克離開凱悅後，曾擔任亞洛（Yaro）公司的執行長，他告訴我，重點是要有一套流程，才能引導大家的努力，但有時「這違反探索創新者的直覺本能。他們一心想要擴大格局，然而，我們學到的是，必須先挑出幾個重點區域，可能是新出現的機會或是我們必須正面迎擊的難題。」要針對「住客中女性商務旅客增加」這一點去把握機會並解決難題，有很多重點，要讓集體的能量聚焦在這些點上。

羅伯・蘇頓和哈耶格瑞瓦・「哈吉」・拉奧（Hayagreeva "Huggy" Rao）研究一整類他們稱之為「擴散規模」（scaling）機會的難題，這是指一個地方推動了新行動，順勢引發了一個問題：這項做法可以擴大嗎？從某方面來說，這是所有「變革管理」流程的基礎問題，因為變革最基本的要求，就是要讓大家採用一開始不是由他們自己提出、但是效果更好的做事方法。至於要如何為擴散過程注入能量，這兩位的建議是用「炙熱情感和冷靜方案」組成起來，去說服大家。[11] 這兩者對於擴散過程來說都很必要，因為要是少了炙熱的情緒，人們就不會受到鼓舞，不會徹底執行落實解決方案所需要的行動。若少了冷靜方案，所有熱切的情感都會付諸流水，就像是灑在地上的汽油，無法導入有益的行動當中。很多時候很棒的問題卻無法得出很棒的答案，就是因為這樣。一開始激起的正向情緒與能量，並未有條理地被導引至適當之處。

另外還有一個方法，可以繼續帶動問題激發出來的行動。我們可以不只靠最初的大問題來營造動能，而是改為之後繼續提

問，由新問題創造能量，持續注入。這在任何層級都能做到。當我在對付難題、覺得精疲力竭時，就爲自己這麼做。在這些時候，我會決定花個四分鐘，做一做「問題大爆發」。當巴塔哥尼亞公司要尋求新方法，以再次因應公司最根本的生存意義問題時，也是這麼做的。若以凱悅最初改善獨自旅行女性經驗的行動來說，在流程各階段出現的所有問題，都大有好處。每一個問題都令人好奇，並不斷檢測假設，持續注入正面能量與動機。這些努力能動的情緒弧線，絕對不會暴跌到萬劫不復的地步。

我並沒有要細談你必須如何又如何去管理情緒弧線；當你努力藉由問題來刺激轉型時，情緒上必會經歷這些起伏。我在這裡只想讓你知道情緒弧線確實存在，而且是影響成敗的重要關鍵。你必須了解情緒弧線的走向，早期會有一股熱情衝向高峰，之後，如果問題無法讓大門洞開、反而只有一條縫，就會往下掉。如果發生這種情況，再加上通往解決方案的新路徑就算前景很樂觀，但可能是一條漫漫長路，請好好想一想你要如何不斷重新充電，繼續努力。如果你假設得出突破性的解決方案像重新建構問題一樣輕鬆，請再查核你的假設。該如何管理你的情緒弧線，是你要面對的問題；這本身可能就是一個極具觸發性的問題。

 ## 出色教練所做的事

談到這裡，就很適合介紹一下教練輔導的作用；我廣義運用

這個詞，納入所有體育教練、高階主管教練以及生活教練。對於以上所有領域的教練而言，他們多數的工作就是要幫助客戶管理情緒與能量。

我訪談許多明星的教練湯尼・羅賓斯（Tony Robbins），想了解他在這方面的看法。羅賓斯是個不同凡響的傳奇人物，他寫過很多心理勵志類的暢銷書，並經常對幾千人、甚至幾萬人開講。在個人面，他和很多精力無窮（其中有很多人也很富有）、而且想導引這股能量以達成最高成就的人合作。

說到底，羅賓斯做的很多工作都聚焦在問題上，這不光是指他提出問題（因為他當然必須了解客戶這個人以及他們希望達成什麼成就）；他的工作重點，是要幫助人們理解是哪些問題在無意識中帶動他們的思考。就像他說的：「要得到新答案，唯一的方法是問新問題，問題的品質會決定答案的品質，而這就是我所做的事情的基礎。」

問題很重要，「因為問題掌控你的焦點。」羅賓斯提到，要操縱一個人轉移焦點，哪怕只是短暫地轉移，是很容易的事。比方說，如果你問他們：「你的生活到底哪裡糟糕？」就算他們之前根本沒什麼太大煩惱，大腦也會聚焦在這個問題上，開始提出答案。同樣的，如果你問：「你最感恩的是什麼事？」或者「什麼事讓你熱血沸騰？」他們的焦點也會跟著轉移。他指出，如果要轉移一個人的心智或情緒狀態，利用提問的方式「會比什麼都快」。他說，只有兩種方法能改變人，一是改變對方的外部環境，要不然就是改變他們的內在環境。教練的焦點會放在後

者，「我可以用我提的問題以及提問的方式來改變你內在環境發生的事。」這裡的重點是，他的所有問題都內建預設前提，比方說，生活中確實有糟糕的地方，或是確實有讓你覺得很感恩的事情。

羅賓斯會從以下這個立場出發：「每個人都有我所謂的基本問題，這是指你在生活中更常提到、超過其他問題的問題。」他以自己為例：「我最常問的問題是：我要怎樣才能做得更好？這是一種執迷、一種強迫，但我總是不斷地這樣自問。」這非常有道理，畢竟，他可是代表自我改進的典範。但是，在聊這件事時，他說，一直到他在這一行做了很久之後，才意識到自己完全受到這個問題驅使，更少想到帶動其他人的問題和他的不一樣。自此之後，他在和新客戶配合初期時就先聚焦，試著找出帶動對方的問題是什麼，以及這個問題讓他們裹足不前到什麼程度。重點是，這些導引人的問題（導引作用幾乎都發生在潛意識層次）都內含一些負面的預設前提。他相信「這是全世界最厲害的能量殺手」，也因此，必須著手處理這個問題。他設計出一套流程，帶領客戶完整演練一次，以找出問題並因應問題。他用了舊時電腦運算領域的一句名言來比喻：「丟垃圾進去，就只有垃圾跑出來。」他說：「你的大腦也一樣：如果你問差勁的問題，就只會得到差勁的答案。」

一旦羅賓斯幫忙客戶找到基本問題，也就奠下了基礎，讓客戶可以做出不同的決策來解決自身的各種困境，比方說，怎麼做才最能善用時間。

提問資本

　　我能和湯尼‧羅賓斯對談，都要感謝馬克‧貝尼奧夫的引介；他們兩位是多年好友，貝尼奧夫也大力讚賞他和羅賓斯之間的對話，說這讓他培養出更好的思考習慣。在親自和羅賓斯談過後，我才看出羅賓斯的「以問題為焦點」和一件我聽貝尼奧夫多次談及的事有相關。貝尼奧夫說，他注意到有些人擁有比別人更多的「創新資本」。在講到他的公司 Salesforce 需要不斷提出嶄新且寶貴的構想時，他提到：「我不能全部自己來，我沒有辦法提出所有想法，這不是我的工作，我的職責是打造創新的文化。這是我們努力要強化的部分，我們鼓勵這種文化，我們很看重、很注意，我們會花錢投資，我們很需要。」但他也承認，無法光靠訓練就要求員工學會創新；創新並非單純的技能組合。要引領轉型變革，必須得到他人的認同。因此必須有些實績，證明能反抗現狀、面對阻力並順利做出成果，才能累積出一些創新資本。

　　我在提問方面得出的相關觀察是，某些人提出的問題會比其他人更具觸發效果。我們可能以為，好問題會出現在任何地方，然後在人群之中點起一把火，但有很多人都注意到，實際上，就算是同一個問題，由不同的人提出，引發的反應就不同。有一部分的差異出於地位權力（positional power）。你很可能在會議裡看過比較資淺或比較邊緣的人，當他試著提出看法時卻沒有人聽，但等到後來權力地位比較穩固的人發言，同樣的論點才激起

了廣大的效應。

有時候，問題的力道關鍵在於提問者的背景。舉例來說，二○一八年時貝萊德（BlackRock）投資公司的羅倫斯·芬克（Laurence Fink）寫了一封信，發給所有他的公司有持股的企業執行長。由於貝萊德管理的客戶資金多數都投資在指數基金上，交易標的加起來有幾千家公司，基本上，這是一封致所有上市公司管理階層的公開信。這封信轟動一時，因為芬克在信中對這群人提出了很難回答的問題：他們如何對抗股市只重視短期股價上漲所造成的嚴重衝擊？他們打算如何源源推出能改善生活的創新並提供好工作，以利繼續保有社會核發的「營運執照」並滿足世人期待？

重點在於，這些問題毫無新意，幾十年來，一群又一群憂心企業社會責任的運動人士與學者不斷在問這些問題，但芬克的發言有特別的力道。美國阿斯本研究院（Aspen Institute）的茱蒂絲·珊繆爾森（Judith Samuelson）就說了：「貝萊德投資公司是全世界最大型的投資人，當該公司的領導人說企業不僅要獲利、還要對社會有所貢獻時，就傳達出了強而有力的訊息。」[12]這很難讓人不去想到聖經裡的故事：掃羅（Saul）前往大馬士革（Damascus）的路上看到一幅景象讓他轉了性，基督教會草創時期他本來是迫害教徒的人，至此卻搖身一變成了基督徒，而後來更封聖成為聖保羅（Saint Paul）；英文裡用來比喻茅塞頓開的片語「鱗片從眼睛上掉下來」（scales fall from eyes），就是從這個故事來的。當芬克決定挑戰投資界的運作方式、對這個社群喊話

時，他是投資界的中流砥柱，擁有少有人能匹敵的提問資本。

　　同樣的問題若出自於不同人的嘴裡就比較不受重視，這可能不是什麼好消息，但我們從這當中可以學到的是，出色問題勾起的正面能量與情緒，有一部分必來自於人們相信提問後必能改變什麼。我要講的是，愈是能激發出能量的人，就擁有愈多的**提問資本**，至於他們有沒有資格擁有，那又是另一個問題了。更好的問題是：缺乏提問資本的人要怎樣累積多一點？

　　我們都知道提問資本如何虧損。當一個人提出的問題受人注目，但最後卻無疾而終，他的提問資本就會像賭桌上的大部分賭金一樣消失。當事人並沒有付出更多必要的精力，去一探他們所提的問題開啟的路徑，或者沒辦法召集足夠的同伴一起踏上追尋志業之路。更糟的情況是，有些人根本沒有累積出任何提問資本，就爬上了組織高位。思愛普的前執行長孟鼎銘告訴我，很多高階主管就在這裡重重跌了一跤：

　　這種情況如：「某某某二十年來的職涯發展都很順利，但是當他們成為執行副總，就開始不行了。到底怎麼了？」嗯，他們並不是哪天一醒來就變成了失敗者，現實是，讓他們得到高階主管工作的成就，沒有辦法幫助他們做好這份工作。他們無法在企業階梯上的更高一級站穩腳步，因為他們不知道要問什麼問題。他們不知道如何面對艱難的情境並用問題來征服難題。

　　孟鼎銘指出，提問資本會轉化成領導資本，他在我們的另一

段對話裡再度強調這一點。他告訴我：「扼殺領導者的因素是他們無法擴散，因為資深人員不敬重他們、不願意為他們效命。資深人員之所以會這樣，理由是領導者只發號施令、不提問。」瑞・達利歐是全世界最成功的避險基金投資人之一（他創辦了橋水投資公司〔Bridgewater Associates〕），他也同樣強調提問的力量。他先前出版了《原則：生活和工作》（*Principles*）一書分享自己的管理哲學，他提出的聘用建議是，不要因為一個人的技能適合接下來的工作就選定此人，要瞄準「你想要和他共同承擔長期使命」的人。他寫道，最重要的是，「要尋找有很多好問題的人。聰明的人會問深思熟慮過的問題，而不是認為自己無所不知。好問題是指向未來將有成就的好指標，比好答案更精準。」[13]

同樣的，累積提問資本的主要方法，就是要累積亮眼表現紀錄，看見並掌握正確問題，堅持到底以發揮影響力。現在，且讓我把話題帶回到湯尼・羅賓斯以及其他高效教練所做的事。對我來說，他為客戶提供的服務，大致上是幫助他們累積提問資本，讓他們不論選擇踏上哪一條路都能更有成效。

 學習說故事

如果你想要找到其他人和你一起去追尋新問題得出的答案，有一種特別的能力是你應該培養的，那就是說故事的能力。好故

事可以持續讓大家看到出現難題的情境如何引發能帶來能量的問題，探索問題以得出解決方案又為何能以有意義的方式改善生活。故事線將看到的問題和重新建構之後的問題串聯起來，並營造動能，朝向找出解決方案的方向前進。

引領轉型的領導者常常都是很好的說書人，這一點或許就沒什麼好訝異的了。之前提過，物流公司的大老闆法第・甘多爾在長途航程後決定放棄專車接送服務，反而搭公司基層貨運司機的便車前往旅館。這兩人在當天深夜旅途中的對話，開啟了甘多爾的眼界，讓他看到之前連問都不知道要問的難題，當他隔天早上醒來，馬上決定要處理這些新問題，並帶動變革以求做得更好。

這個故事還有後續。甘多爾這麼做的消息顯然傳了出去，之後他出差時，很意外地聽到有人提起這件事。他還有其他事讓員工嚇了一跳，比方說，有一次他去巡視倉儲，在和另一位高階主管對話時，他順手拿起附近的一支掃把，把他看到水泥地上的一些碎屑掃乾淨。這類故事慢慢變成他個人傳奇的一部分，他是個聰明人，看到其中的價值，認為這有助於形塑組織文化。故事不會明白告訴大家要怎麼做，反之，故事請人們進入想像的場景中，他們可以自己想一下可以與應該怎麼做，並讓他們去思考要如何把這些帶入其他情境裡。

故事能深深吸引注意，背後有可觀的科學證據支持。舉例來說，神經生物學家保羅・扎克（Paul Zak）所做的研究顯示，當講者運用角色導向的故事搭配感性的內容以闡述重點，聽的人將更能理解，並記得更久。他寫道：「以發揮影響力來說，這大

勝標準的投影片簡報。」[14]

　　說故事能有這樣的效果，是因為這在聽的人或讀的人心裡引發了問題，並且把問題留了下來，讓人就算不是花一輩子、也會花一陣子去想一想。我最喜歡跟某些人聊「說故事」這門藝術，其中之一是安德魯‧戈登；他在皮克斯擔任動畫總監多年，目前是照明娛樂公司（Illumination Entertainment）的動畫主管。我們某一次對談時，他說他剛剛才聽完莫‧威樂（Mo Willems）的演講；威樂是童書作者，寫下了《別讓鴿子開公車！》（*Don't Let the Pigeon Drive the Bus!*）以及後面多本歡樂的續集。戈登從威樂口中聽到一些確實讓他「大開眼界」的話，比方說，針對書中的視覺控制設計構想和故事的中心要旨，威樂會加以劃分。[15] 特別有趣的是，威樂「不想把所有的東西都給讀者。他只想要給他們百分之四十九，連一半都不到，這樣的話，讀者就必須自己去想：這本書實際上要說的是什麼？」某一篇網路書評可能會宣稱這本書是在講「和朋友一起合作，永不放棄」，另一篇可能指出重點是「知道何時要放棄」。戈登帶著讚許地笑了。「這超棒……讀者找到**他們自己**從中得到什麼，不是嗎？」他說，在皮克斯的情況也類似，「當我們在做一個故事的時候，會用很多不同的方式來提問。」

　　巧妙編排的故事，同樣也會吸引大人，會把他們拉進來，引出他們的同理心，並留給他們很多空間去思考要如何理解故事。TED 演講的形式大大成功，還有別的解釋理由嗎？在短短十七分鐘的簡報中，演講人學著大量運用故事以及敘事的高潮迭起。

TED 的執行長克里斯・安德森（Chris Anderson）寫道：「故事和帶著挑戰意味的說明或複雜的論述不同，每個人都能與故事產生共鳴。」[16]

在企業創新圈有一場很有名的 TED 演說，那就是道格・迪斯（Doug Dietz）談他與一群人如何協作，在醫院小兒科病房用新方法做醫學造影。迪斯說起這個故事，他說多年來他在奇異醫療保健（GE Healthcare）擔任工業設計師，設計包括核磁共振掃描機在內的醫學設備。然而，這些年來，他從來沒有進過兒童病房親眼看看實際運作。等到他真的去了醫院現場那天，他說：「我看到一個年輕的家庭走過走廊，當他們比較靠近我時，我看得出來小女孩在啜泣。當他們愈走愈近，我看到做父親的彎下腰說：『記住我們說好了，妳要勇敢。』」就在此時，滿懷同理心的迪斯以小病患的視角看見周圍環境。他說：「到處都⋯⋯灰灰黃黃的。」昏暗的照明再加上牆上與機器上的警告標示，營造出一種不祥的氛圍。再來，是機器本身，這是迪斯的心血結晶，但「基本上看起來像是一個打了洞的大磚塊」。他那天的經驗可以說是每況愈下。雖然糟糕，但這些觀察讓他深深感受到他應該為這些小病人做得更好才是。一個更好的設計師會怎麼做？

我之所以知道故事從這裡開始怎麼發展，是因為匹茲堡兒童醫院（Children's Hospital of Pittsburgh）小兒放射科主任凱薩琳・卡波欣（Kathleen Kapsin）。她和她的團隊很清楚有哪些難題需要解決。卡波欣告訴我，通常要照好幾次，才能達到必要的影像品質，讓醫師能很有信心地做出診斷與提出治療計畫，難處是，

小孩不像成年病患，很難要他們靜止不動。小孩很難長時間保持安靜、讓造影機器完成速度緩慢的掃描工作。明顯的解決方案是敦促像奇異這樣的機器設備供應商，要他們推出更精密的科技，在小孩還來不及扭動之前就以更快的速度拍下影像。這套解決辦法當然有缺點，一定會讓機器變得更昂貴，而且必須汰換掉預期使用年限還很長的現有機器。

有一天，有人重新建構了這個難題，洞見出現了。與其要求機器速度變快，不如想想能否讓小孩不再扭動？為什麼小孩會扭動呢？道格‧迪斯親訪醫院時得出一些心得，透過類似的觀察，這個問題很快有了答案：因為小孩很害怕。那麼，我們能做點什麼，讓挖了洞的大磚塊不那麼嚇人？

解決方案是效仿目前小兒科病房已經常見的做法，布置讓小孩分心的空間；如果說這個靈感是在剎那間就出現的，這沒說錯，但這種說法又顯得落實方案好似不費吹灰之力，事實上，事成之前，卡波欣的團隊和各個協力單位花了好幾個月的時間，其中也包括道格‧迪斯和他在奇異醫療保健公司的設計團隊。他們最後做出來的解決方案，是將造影診察室套入多采多姿的冒險故事，孩子們可以一路角色扮演下去。他們在造影艙裡停留的時候，會是故事情節說到他們是英雄、必須保持安靜不動的時候。此時孩子們要躲在海盜的洞穴裡，或者在恐龍的身影下。這就像魔法一樣。照出來的影像成品很好，孩子也很開心，在探險旅程結束時，有些孩子甚至會問：「我什麼時候可以再回來？」

圖 7-1 在整個匹茲堡兒童醫院裡到處可見主題式的標語，告訴孩子們這裡有幾種不同的探險。

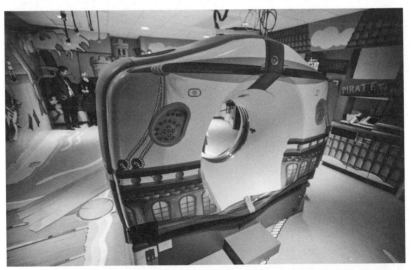

圖 7-2 小兒放射科主任凱薩琳．卡波欣（背景處右方），正在匹茲堡兒童醫院裡導引冒險旅程。

圖 7-3　海盜島冒險結合了充滿驚喜的百寶箱和盪來盪去的猴子，讓整個診療室用
　　　　正面的方式分散孩子的注意力。

我們能否培養出下一代的提問人？

一旦你學會如何問問題——而且是有相關性、

恰當且重要的問題——你就學會如何學習，

再也沒有人能阻礙你學會你想要或需要知道的事。

——尼爾·波茲曼與查爾斯·韋殷嘉特納（Charles Weingartner）

伊西多·拉比（Isidor Rabi）一九四四年時因發現核磁共振而贏得諾貝爾物理學獎，這是讓新的核磁共振造影掃描科技得以發展的基礎發現。他在二戰期間研究原子彈，戰後幫忙設立美國布魯克黑文實驗室（Brookhaven）以及歐洲核子研究組織（European Organization for Nuclear Research，簡稱 CERN）等機構，這些都是很了不起的資歷。幾年後，有人專訪他時問到，他的成長背景是否有何特別之處。「我母親在並未刻意規劃之下讓我成了科學家，」他若有所思地說，「紐約布魯克林區其他的猶太媽媽在放學後會問小孩：『怎麼樣？你今天學到了什麼？』但我媽媽不是，她總是問我別的問題，她會說：『伊西，你今天有問什麼好問題嗎？』」拉比將他的事業成就歸功於他從中養

成的提問習慣：「有沒有提出好問題是兩者之間的差別，而這讓我成為了科學家。」[1]

當我們刻意培養出更多好的提問人，整個社會都能因此受益。這表示，要在年輕人身上培養出一整套的心智習慣與行為的先後順序，這些在家庭環境中最容易培養起來，或者說，最不容易在發展階段就被摧折。但是，學校、職場以及社區也必須要教導與鼓勵這些提問技能組合。這是關鍵組合，經驗較少的年輕人若具備這些特質，名師、角色典範和英雄才能在影響所及範圍內對這些人展現更優質的領導，並帶來更多的創意性突破。

過去十年來我訪談過許多偉大的創新人士，多數在不同的人生階段都曾因為身邊的大人教導他們提問、給予他們機會參與創造行動而受益匪淺。他們就像每個世代一樣，跟著老一輩學習，差別在於前輩清楚對他們強調了提問的價值。我的主張是，如果我們可以聯手，在這方面為孩子、學生、年輕同事多做一點，就可以給這個世界更多充滿創意的心智，就像伊西多・拉比。要培養出一整個世代的優秀提問者，需要付出哪些心力？

 用提問來教

讓我們先從學校的操作談起，這是因為，在思考要如何改進人們的學習方法與內容時，多半會先想到這裡。丹・羅斯坦（Dan Rothstein）和魯茲・桑塔納（Luz Santana）都深信某些類

型的教育改革大有助益。他們在《老師怎麼教，學生才會提問》（*Make Just One Change*）一書裡開宗明義，直接說出他們的理論。

本書提出兩項簡單的論點：

所有學生都應該學習如何系統性地建構自己的問題。

所有老師都可以輕鬆教授這項技能，把這當成是日常操作的一部分。[2]

這是我喜歡的討論改善課程學習的書籍類型，強調提問的也不只有羅斯坦和桑塔納。[3] 在第二章中，我提到大量研究顯示，無論是小學、中學、大學還是職場培訓，一般的教育場合中都少見提問。舉例來說，詹姆士・狄龍就觀察到，當學生說出他們的好奇心時，老師與同學給予的都是負面回應。他們從這樣的經驗中學到的是「別問問題」。[4] 監看其他課堂以及學習和決策場域的學者，也持續得到相同的結論：創意提問是人類天生就有的行為，但在學校裡遭到積極的壓抑與打擊。因此，當孩子長成大人，他們會自豪於得出更好的答案，而不會想要去問出更好的問題。

由於有持續的相關研究，目前的校方領導人已經更清楚知道培養提問技能的價值所在。遺憾的是，在教育體系裡要帶動變革似乎愈來愈困難。馬克・祖克伯贈與紐華克（Newark）公立學校體系一億美元，之後他在檢視能得到什麼成果時，便發現了這一點。他在二〇一〇年宣布的這項捐贈獲得當地捐款人響應，因此，注入系統的資金事實上總共有兩億美元。許多聰明的顧問進

入學校，根據現有最好的方式設計出變革。每個人都是好意，但結果是這些投入的資金幾乎沒有改變任何事，甚至變得更糟，學生的數學成就還稍微下滑了。[5]

我之所以提起這項受到眾人矚目的挫折，並不是為了推論我們應該放棄在公立學校能推動任何變革的希望，反而是想指出，由上而下改變制度面的政策可能不是最直接的改革路徑。如果以社會運動的方式來做，讓每一個人下定決心採取行動，用各種方法在個人層面發揮影響力，這項教孩子提問的行動可能會更成功。

有些教師很了解需培養學生的提問技能，我們在對談時，他們提了一些低成本、無須取捨的方法，這讓他們可以把重點放在提出問題，同時又能滿足規定的課表，讓學生有能力在標準化的測驗中答出標準答案。以下就是我看到的一些做法，我提供這些方法的本意是要激發教育人員自行思考，並無意列出完整配套。

善用問題箱：作坊學校（Workshop School）是西費城（West Philadelphia）一所屢屢獲獎的地區高中，由一家非營利組織特別精心設計，運作方法和一般學校不同；我之後會再談該校以專案為主的學習模式。這所學校的某些做法可以輕易套入任何課堂，比方說，學校訂了一項慣例，每天都有一個「討論圈」時間，讓學生可以討論學校和社區的相關問題，這些都是他們試著想要找出答案的問題。作坊有一個問題箱，他們會仿效典型的「待辦工作事項罐」方式，每天從裡面隨機抽出一張紙條，每個學生都會提出回應。更重要的是，這些學生就是把字條**丟進去**的人。身為學習者，他們背負期待要花時間去找找看應該問什麼問題。

重提已有答案的問題：學校裡教的所有知識，一開始都是某個問題的答案。每一條公式，都始於人需要用更好的方法解決難題。老師不用花太多時間，就能附加歷史脈絡來建構資訊。當然，不是每教一項就要追本溯源談歷史，但偶爾強調有哪些出色問題導引出禁得起時間考驗的答案，能帶來實質好處。讓孩子一開始就看到得出洞見的重要性，並強調未來學的知識很可能來自於今天提出的新問題，會讓人更能記住答案。同樣的，在歷史課上，老師向來會提到想出創新或突破性洞見的人，並講到這些如何改變了很多事；但是，老師不應該跳過有人問出不同的問題而得出結果這件事，這是很重要的部分。為什麼哥白尼時代的人不知道太陽是行星系的中心呢？他為何質疑地球中心說的模型，他的問題對於開啟新的理解路徑又有何重要？把授課當成講故事，說明提出的問題代表什麼樣的轉折點，老師可以更清楚說明過去的洞見永遠來自於挑戰假設的問題，未來也將如此。

延長等待時間：有一種教室動態是老師可以輕易察覺並改變的，那就是等待的時間。瑪莉・芭德・羅威（Mary Budd Rowe）是一位教育學者，她最早注意到多數老師提問之後等的時間不夠久，無法讓學生細想過再回應。你猜她發現老師提問之後平均等了多久？一秒鐘。

顯然，這麼短的時間還無法讓學生動用更高層次的認知能力，只適合用來取回儲存在記憶裡的事實。在羅威所做的研究中，單純將等待時間從一秒延長到至少三秒，就能看到學生的語言與邏輯能力大幅提高。[6] 她的研究得出的重點，當然不是要老

師多問追溯事實的問題、然後多等幾秒讓學生回答，而是要留更長的等待時間給能激發思考的問題，反之亦然。

教室課堂提問的相關研究中有一個現象很一致，那就是老師問問題的頻率。他們多半是連續不斷地問，一小時會問出五十到一百個問題。就像卡蘿恩·露易絲（Karron Lewis）說的，長久以來師長會在課堂上運用問題，「以確認學生是否學到課本的內容，並看看學生有沒有把注意力放在課堂上。」但這表示「老師大致上都問錯問題了。我們重視的問題主要是想知道學生擁有哪些特定資訊，而不是能帶動學習的問題。」[7] 事實上，這類問題會造成雙重損害，因為這一來無法滿足學生當下的學習需求，二來無法為年輕人以身作則，讓他們明白當提問成為自己自然而然的一部分時，未來將能發揮極大效益。

讚賞提問者：學校既是學習機構也是社群，學生都很敏銳，知道誰是當中的成功者。多多稱讚與獎勵提出好問題的學生，可以引出更多問題。當我撰寫這部分的同時，一群孩子正在進行一場出色的表演，提出多個問題；他們是佛羅里達州帕克蘭市（Parkland）馬喬麗斯通曼道格拉斯高中（Marjory Stoneman Douglas High School）的學生，也是二○一八年二月十四日校園掃射事件中的倖存者。他們在全國性的槍枝管制對話上這麼做，他們深信大家應該要聽到他們的聲音。學校系統裡並沒有人要求他們少請幾天假不上課去做這事、或是要他們趕回去準備大學先修課程會考。這是一個極端範例，但很有啟發性。如果我們把範疇縮小來看，其他學校的學生是否會覺得自己有力量去提問，追

問對他們影響最大的議題，或是，一旦他們懷疑某一堂課並沒有說出全部的事實，會不會提出挑戰？蘇菲・馮・絲圖（Sophie von Stumm）以及她的同事們就寫道，學校「必須及早鼓勵學生求知若渴，不要只獎勵安靜應用智慧與努力的人⋯⋯考試卷答得漂亮的是班上用功的好學生，研討會中能提出讓人惱火的挑戰性問題的那些同樣也是（遺憾的是，並非所有老師都欣賞這個習慣）。」[8]克里斯多福・烏爾（Christopher Uhl）和黛娜・絲杜秋爾（Dana L. Stuchul）也遵循相同思維，他們寫道：「鼓勵學生成為無懼的提問者，代表不要常常讚揚他們答對了，而要多鼓勵他們的大膽提問」。他們總結認為：「要扭轉當代教室裡普遍恐懼問題和只在乎答案的氛圍，變成讚揚且欣賞問題的校園文化，這是一項浩大、但絕對值得的工程。」[9]

貝恩顧問公司（Bain & Company）的董事長歐里特・嘉蒂許（Orit Gadiesh）「永遠都有一百個問題」，因為她知道這是解決工作上或生活中棘手挑戰的唯一方法。在以色列的成長經驗讓她很早就學到這件事。她的父親「對於很多不同的事物都很好奇，而且寧願多聽少說」，她的母親也「總是對於她覺得很有趣的事物提問」。嘉蒂許認為自己「天生好奇」，而且是進學校之前就這樣了。從第一堂課開始，她就常常舉手，針對各個主題發問，而且不是只問一個問題，通常都問兩、三個以上。上完八年級前，她的提問技巧已經很犀利，她的導師對她的評語是：「歐里特總是問兩個問題，甚至三、四個問題。她向來都很好奇。」在她的事業生涯中（她早期從軍，之後投入顧問業），

她一直都知道，無論在哪個層級、擔任什麼職務，提出對的問題是創造價值——而且是真正的價值——的唯一途徑。

利用教育科技學習來達成記憶答案的任務：克里斯汀生研究院（Christensen Institute）的總裁安·克里斯汀生（Ann Christensen）及她的同事們指出，說到針對標準化的測驗做準備，在電子學習工具大行其道的時代，有可能做到魚與熊掌兼得。以學校系統層級來說，最應該挑戰的或許要算是「批次加工」（batch processing）模式，這指的是讓同年紀的群體一起一級一級升上去；但即使是這麼過時的模式，利用教育科技，就可以輕易偵測出特定學生在哪方面很辛苦、在哪些方面又已經很熟練，就算一位老師要帶領三十名學生，仍可根據結果作出回應，給予學生個人化的指引。老師在課堂上利用電子學習工具來準備考試，就可以騰出時間給予學生個人化的關注，培養更高階的學習技能。當老師卸下重擔，不用負全責把全班都教到能答對一套封閉式的問題，他們就能在學生的學習旅程上開始像個嚮導雪巴人，不再覺得自己是馱重的氂牛。

轉向以專案為中心的學習：之前提到作坊學校時，我匆匆提到該校採取的是以專案為中心的學習方式。這並不是什麼新概念，許多早已行之有年的教育方法便以此為核心，例如蒙特梭利教育法和國際文憑學校（International Baccalaureate schools）課程。這和培養學生的好奇心密切相關。在安潔琳·施托爾·利拉德（Angeline Stoll Lillard）筆下，蒙特梭利系統「非常開放，足以讓興趣與學習演化自然發生。蒙特梭利系統的老師不是將問題

植入學生身上，而是刺激他們的想像力，好讓孩子提出自己的問題。」她提出大量研究證明「這種以自身興趣爲本的學習，優於以他人興趣爲本的學習。」[10] 我、克雷頓‧克里斯汀生和傑夫‧戴爾約莫十年前曾做過研究，我們發現，在成年的創新者當中，約有一半曾經上過強調以專案爲中心學習方式的學校。另有許多人則是父母或祖父母鼓勵從事有挑戰性的專案，或者參與能在學校以外開拓這類空間的社區營造活動。

當然，如果一般的學校系統無法成爲提供支持的大架構，課堂裡的老師很難推動改變。比較常見的情況，是另設特殊學校然後嘗試推動這些方法。比方說，有一家美國高科技高校（High Tech High），就是在比爾與梅琳達‧蓋茲基金會（Bill & Melinda Gates Foundation）捐助下成立的特許學校，創辦至今已超過十五年，最初的緣由，就是因爲很多矽谷的員工相信，以專案爲中心的方法更可以培養出創新所需要的才能。這後來發展成一套系統，服務橫跨三個園區的十三所特許學校，廣及超過五千名幼稚園到高三的學生。學生選擇專案時的考量重點，是本身很有趣、但是需要熟練各種學習概念才能完成的專案。自選專案，讓他們更有動機去學習，而且所學的東西與學習者的相關性非常明顯。

檢視作坊學校的開端很有幫助；這個學校最初本來是課後活動，賽門‧豪格（Simon Hauger）請孩子們一起來做一個和汽車有關的專案。這套專案名爲 EVX，具體來說，重點是要在舊車型上安裝油電混合系統。豪格回憶道，對那些參與專案的學生來說，「忽然間，有了真實的問題可以帶動放學後的學術學習。最

讓我意外的是，這些仍在學的孩子在課後活動中學到的比我課堂上還多。」[11] 這個觀點，很可能啟發了無法改造學校系統的老師們。如果有老師贏得了獎助金，或許可以根據以專案為中心的學習原則開辦課外活動。同樣重要的是，很多早已在從事課外活動的老師（比方說，戲劇社與樂團的指導老師、畢業舞會委員會顧問、運動教練等等）可用新眼光來看這些活動，將之變成平台，讓學生學習問題當中蘊藏的力量。

我要再說一次，這個範例要講的，並不是教育人員在概念上積極反對學生學著把自己的問題公式化，也不是他們認為不可能把教導提問納入日常教學操作當中。這裡談的是意識的提升，關於如何評量學生是否真的有學到東西，愈來愈多人認同「問題即是答案」。

我最近注意到一個亮點，那就是現在「大學通用申請系統」（Common App）中納入的短文寫作提示；這套系統是標準的申請書，幾乎全美的大專院校都接受。申請書的關鍵部分是規定要隨附的短文，讓學生展現除了標準測驗分數以及平均學業表現以外的心智特質。申請書的設計者提供幾個思考起始點，其中一個是這個新選項：「想一想過去你質疑或挑戰某個信念或想法的時刻。什麼原因刺激了你的思考？結果是什麼？」對於已經有過這類經驗的高三學生來說，這是一個很棒的信號，但遺憾的是，對某些學生來說，他們直到高中生涯即將結束之際才第一次開始思考提問的可能性。

簡單來說，以挑戰為中心的學習在學校、職場和生活中

都很重要。彼得・戴曼迪斯（Peter Diamandis）是 X 大獎基金會（XPRIZE Foundation）創辦人兼董事長，也是奇點大學（Singularity University）共同創辦人兼執行董事長，他對這一點再清楚也不過了。先前奇點大學的執行董事奇恩・戈哈爾（Kian Gohar）主持一場創新夥伴專案（Innovation Partnership Program）活動，會場上戴曼迪斯被問到：「未來教育的重點是什麼？」他的回答很讓人動容，想到他自己是一位有兩個小孩的父親時，更是如此。他說：「我想要教會孩子的，是如何問出對的問題以及如何保有面對挑戰的熱情。這是未來教育裡最重要的，因為標準的死背硬記已經不重要，會有智慧系統幫助你記憶。那麼，你要如何去針對你熱中的事物提出正確的問題，如何去探詢與探索？」

 ## 幾歲可以開始成為藝術家？

就我的經驗而言，經由教育人士精心設計以鼓勵學生提問的場景環境，最能鼓舞人心。十三號國際工作室（Room 13 International）便是一個很好的範例；這是一九九四年時蘇格蘭無意間啟動的一種課外活動模式，之後擴展到全世界。最初的十三號工作室是一間教室，供一位名叫羅伯・費爾利（Rob Fairley）的駐地藝術家使用，當地的考爾小學（Caol Primary School）提供一年的獎助金，聘用這位藝術家。費爾利成效卓著，不僅協助

孩子精進藝術技巧，更強調如何思考。他敦促孩子們去理解，創作藝術並不只是重現你眼前看到的東西，而是一種方法，要去調查探索，並且做出新的東西。一年約滿，學生希望他留下，但是這代表要想辦法籌募資金來支應相關的安排。他們決定將工作室變成企業，利用銷售作品的收益支付材料與學費，這真是神來一筆，也把以專案為中心的學習經驗帶到新的層次。十三號工作室由學生主導，駐地藝術家則是工作室的員工。學生組成管理團隊，負責支付帳單的日常決策。

重大的轉捩點出現在二〇〇四年，當時，十三號工作室的學生和一位製片合拍紀錄片，在英國的第四頻道（Channel 4）播放，片名為《幾歲可以開始成為藝術家？》（*What Age Can You*

圖 8-1　南非開普頓阿斯隆（Athlone）邱鎮小學（Kewtown Primary School）十三號工作室裡真正的藝術家。

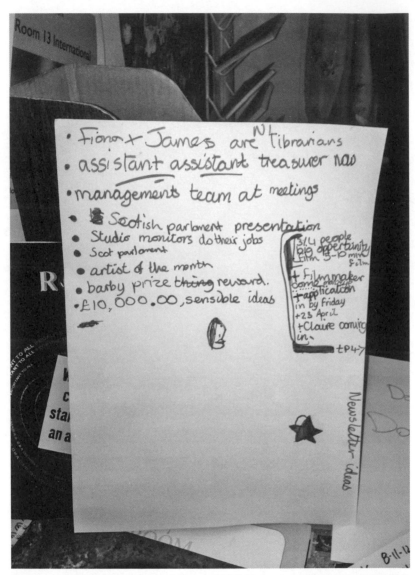

圖 8-2　這是蘇格蘭考爾市考爾小學十三號工作室（一九九四年成立）管理團隊的
　　　　「待辦事項」，其中的提醒事項包括準備簡報資料以對蘇格蘭議會報告，
　　　　以及追蹤開啟「助理出納」職缺後的招募情形。

圖 8-3 蘇格蘭考爾市考爾小學十二號工作室（一九九四年成立）裡「招募人手」的廣告，這是由孩子創作、用來招募孩子的海報。

圖 8-4　哈隆‧卡利爾（Haroon Collier，後排最左）是邱鎮小學的駐地藝術家，他晚上和週末時常待在這裡，無償為孩子們提供避風港。

圖 8-5　南非索韋托薩普布索小學（Sapebuso Primary School）十三號工作室裡的學生，展現毫不費力的專注與充滿能量的焦點。

Start Being an Artist?）。一位任職於全球性大型廣告公司李岱艾廣告（TBWA）的總監羅德・萊特（Rod Wright）剛好轉到這個頻道，他看出這和他自己強烈的興趣有關聯；他想幫助全世界在貧窮社區長大的孩子，發展他們身上的創意潛力。萊特很快和十三號工作室年僅十歲的常務董事聯繫上，承諾為她以及她的同學們提供資金，進一步擴大這個構想。

今天全世界約有七十處十三號工作室，遍布非洲、中國與美國。二〇〇八年時，一家名為光使者專案（Light Bringer Project）的藝術性非營利機構在洛杉磯南部開先鋒，建立了北美第一處十三號工作室，後來加州出現更多，北卡羅萊納、印第安納、密蘇里與科羅拉多州等地也蓬勃發展。

十三號工作室的藝術家，學著更去關注身邊的世界。拜訪南非的工作室時，我注意到孩子的藝術作品充分反映了他們聽到的聲音、看到的景象以及見證的事物，內容會讓大人大為震驚。南非李岱艾廣告公司的常務董事瑪麗・珍米森（Marie Jamieson）提起一個範例：

第一次讓我連靈魂都感到害怕的畫，出於一位南非索韋托（Soweto）的年輕藝術家之手；他叫薩何（Nzakho），十三歲。那是一幅畫在帆布上的油畫，構圖很簡單，有一個有著啤酒肚的中年非洲男子正在拉上褲子、拉好拉鏈。畫上有幾個簡單的大字寫著「請停止強暴」。這幅畫與我同在。我把畫掛在辦公室裡，每當我殫精竭慮、毫無頭緒又壓力沉重時，每當我必須做點什麼

或必須回饋什麼時，就會想到這幅畫正是我投入十三號工作室的理由。這是一個十三歲的男孩，大聲呼喊阻止社區裡的強暴。他告訴我，他本人並無親身經歷，但是他大聲呼喊，希望阻止他的社區發生這種事。這也是十三號工作室的聲音。

駐地藝術家完全了解這些孩子每天要面對多艱困的挑戰，他們不只幫助孩子們透過五感更清楚看到這個世界，也協助他們更理解他們所觀察到的，將洞見轉化成和自己相關的強而有力藝術作品。李岱艾廣告公司的創意總監約翰·杭特（John Hunt）就分享了一個學生讓人感動的經驗：

我和其中一位藝術家的對話最特別，我拍了一張拼貼圖的照片，掛在我的牆上。他之前一直在做紙藝拼貼，花了一個月、一個月又一個月，不斷努力。他每天都來，每天都做一點點，因為他對於要怎麼做這幅作品非常謹慎，一絲不苟。我看著他試著用從舊雜誌上撕下來的淡棕色紙片，然後又換成深棕色，他的手法很精準，讓我忍不住要和他聊聊。他很友善，笑得很燦爛，而我問：「你做這個做多久了？」「七、八個月吧。」我說：「哇！」之後我問他：「你知道這是誰嗎？你知道你自己在做誰嗎？我是指這張臉。」他說：「不知道。」而我自忖：「真的嗎？」我隨身帶著手機，我拍了一張他的照片，放在拼貼畫的旁邊；他正在拼出他自己，而且，看來很不可思議的是，他自己並不知道。我不是心理學家，但看來他正在一點一點地把自己做出來；但，他

圖 8-6　約翰・杭特在南非索韋托聖馬丁德裴瑞斯高中（St. Martin de Porres High School）看到這個孩子時，他有感而發地說：我們都是正在成形的藝術品。攝影者：約翰・杭特。

是怎麼做的？他手邊並沒有自己的照片。或許，就是因為這樣，才要花這麼長時間，又或許，他只是還不想完成自己。

 ## 課外的提問

　　如果說，十三號工作室和其他課外活動是在學校裡營造更好的提問空間，很多組織的目標則是在學校以外做同樣的事。當貝西・鮑爾絲（Betsy Bowers）尚任職於華盛頓的史密森早期教育中心（Smithsonian Early Enrichment Center）時，我就和她聊

過；現在她負責管理丹佛市外的雷克伍文化遺產中心（Lakewood Heritage Center），這裡是一處二十世紀博物館，占地十五英畝，有數座歷史性建築，還有超過三萬五千項收藏品。她對我說：「關於六歲以下的小孩是否適合參觀博物館，偶爾仍有爭議。」但她與她的同事都深信，這可以對學習大有貢獻。她說：「我覺得，利用這些真品物件，再加上有趣的陳列方式，博物館很能用會讓人感到興奮的方式激發出問題。」

太陽馬戲團也透過一項名為「世界馬戲團」（Cirque du Monde）的倡議行動來做同樣的事。太陽馬戲團於一九九四年設置這套方案，作為組織的人文關懷部門，旨在全世界訓練孩子成為街頭藝人。方案重點不在於替太陽馬戲團培養下一代的優秀表演者，而是透過馬戲技藝替身處高風險環境的年輕人找到方向感並培養紀律，同時提供一個環境，讓來自不同背景的人可以協作以及學習信任彼此。

我想要強調一點，世界馬戲團本身便是源自於一個重新建構後的問題。從事馬戲這一行的人多數都會問：該怎麼做，才能做出更好的馬戲表演節目？這正是每天帶動太陽馬戲團前進的使命。但世界馬戲團問的是：上台演出馬戲節目如何能幫助社會上仍苦苦掙扎的人們？重新提問時，馬戲不再是目標，而成為手段：是一種能達成社會變革的工具。這樣的重新建構，釋放出了大量的能量。時至今日，世界馬戲團在全世界推出超過九十項計畫，在當中實踐最初設想的意義。除了世界馬戲團本身的相關作為之外，他們也把「社會馬戲團」（social circus）的概念推展到

其他地方，扎下了根基。世界馬戲團不認爲這是一種演出比賽，而是當成令人振奮的擴散，馬戲團官網上有一份全球社會馬戲團的地圖，布局不斷擴大。太陽馬戲團執行長丹尼爾・拉馬爾總結世界馬戲團獨特的影響力，他說這是「把馬戲藝術當成一種用在高風險年輕人身上的介入手段，改善他們的人生，並在全世界幫忙營造出雪球效應，以達成目標。」

我曾在法國的歐洲工商管理學院（INSEAD）以及阿拉伯聯合大公國教過一些社會企業創業家，我知道有多家機構都鼓勵並教育年輕人去推動能產生實質效果的專案，其中包括實質理念組織（Real Ideas Organisation）、夢想學院（Dreams Academy）以及青年賦權夥伴組織（Partners for Youth Empowerment，簡稱PYE）。青年成就組織（Junior Achievement）是一家非營利機構，向來的使命就是爲年輕人預作準備，以創立社會需要的新企業。他們的旗艦方案，是一項爲期十五個星期的創業活動專案。這家機構的創辦人是絲蒂摩紙業公司（Strathmore Paper Company）的赫拉斯・莫賽斯（Horace Moses）以及美國電報電話公司的西多爾・衛爾（Theodore Vail）等商業領袖，二〇一九年時已歡度百年。我對於這套方案的想法，從認識了不起的索拉雅・莎爾蒂（Soraya Salti）開始；她負責主持全球青年成就組織的中東／北非地區機構：全阿拉伯青年成就組織（INJAZ Al-Arab）。這個地區是全世界青年失業率最高的地方，可想而知，青年失業問題也衍生出許多最嚴重的連漪效應；然而，在她二〇一五年猝逝之前，莎爾蒂已經在這個世界上留下深刻的印記。她將轄下的青

年成就組織拓展到十五個國家，接觸到的年輕人超過百萬名，她也因此成為第一位贏得斯克爾社會企業獎（Skoll Award for Social Entrepreneurship）的阿拉伯女性。

她的工作和培養提問者有什麼關係？以她對我所說的話來看，兩者幾乎是緊緊相連。莎爾蒂發現，教育系統並未替中東與北非的年輕人提供充足的培訓讓他們進入職場，因為系統假設他們最好的出路就是進入政府機構。為了高分通過謀得公職必要的考試，他們很努力地「死記強背」，根本沒有人鼓勵他們去注意身邊不斷變化的世界。這樣的教育或許可以讓他們勝任涉及遵守標準作業程序、僅在有限參數下做決策的工作，但由於此地的人口特性之故，年輕人口數量龐大，這表示，找工作的人比政府提供的職缺多了幾百萬。而且，這個地區的就學率不斷提高，培養出更多更不適合進入民間企業任職的人才，這真是一大諷刺，還極具毀滅性。[12] 透過公私攜手結盟，將青年成就組織提供的教育方案帶入這些國家，莎爾蒂讓年輕人除了答出正確答案之外，還習得更多能力。藉由創立自己的企業，他們得以學著問出更好的問題，而，感謝有她奠下基礎，那裡的年輕人至今仍不斷在提問。[13]

 ## 數位是提問的天堂，還是地獄？

目前有好幾個世代正在成長，關於他們的心智習慣，有一個

很重要的問題是：數位環境對我們的提問力量有何影響？數位是好是壞？現在兒童花在螢幕前的時間，正是一項自發性的實驗。如果以建構觸發性問題的能力來說，他們到最後會成為有史以來最棒的一代人嗎？還是最駑鈍的一代？

從某方面來說，數位世界是提問者的極樂之地。我們都已經習慣拿問題去問 Google，這股衝勁也（經常）得到好答案作為獎勵。我們提問的數量也因而穩定地提升。我們通常比較不怯於在網路聊天室以及論壇上貼出問題，在世界各地這種情況都很明顯。

狄任卓．庫瑪（Dhirendra Kumar）任職於專門提供股票建議的價值研究顧問公司（Value Research），這家公司會透過網站回答小型投資人的問題，他以這些經驗為根據指出：「網路聊天對於提出和回答問題來說是很不一樣的論壇。」他也在現場活動的問答時段回應投資人，而他認為，會在線上提問的人，也就是會出席這類場合的人，但他說，在網路上，「因為基本上是匿名，而且不需要和彼此互動，人們提問時會更直接，也比較不擔心看起來像是新手。」不怯提問的另一個效應，是人們常提出「比較自發性的問題」。[14]

另一方面，必須和另一種截然不同的客戶交流的朵琳．凱西（Doreen Kessy），則期待能消除怯於提問的態度。凱西是坦尚尼亞一部教育性電視影集的共同創辦人，節目名稱叫《烏邦果兒童》（*Ubongo Kids*），她的節目動畫角色會進入必須解決問題的情境當中，藉此來教導孩子數學。最有趣的是，觀眾可以使用手機和他們觀賞的內容互動。如果他們用簡訊回答選擇題，將會得

到節目角色的回饋與鼓勵。在二○一四年最初六個月的那一季，《烏邦果兒童》觸及的不重複觀眾人數超過一百四十萬人，對於坦尚尼亞小學生的數學學習成果造成的影響也很可觀。而凱西看到《烏邦果兒童》還有更多機會，包括服務這些孩子的母親；母親通常不會提出她們的問題。

這些母親的問題有些很直截了當，而且攸關生死：「瘧疾有什麼症狀？要怎麼樣才能有健康的飲食？可以餵新生兒喝水嗎？要怎麼避孕？」而凱西注意到：「非洲各地有很多社區極為保守，認為女孩或女人提出和生殖健康、性、宗教、政治以及社會慣例等敏感話題有關的問題不太恰當。」她認為數位工具是賦權給女性的關鍵，讓她們可以提問，更能保障自身的健康與福祉。

東尼・華格納在哈佛擔任創新教育方面的研究員（存在這類研究員職位，本身就是一件好事），也在哈佛教育研究所創辦變革領導團隊（Change Leadership Group）。他為學校與基金會提供諮商，包括在比爾與梅琳達・蓋茲基金會擔任顧問。他的職業生涯始於擔任高中老師，後來在一所八年制的學校擔任校長。經歷讓他知道：「老師們會扼殺問題，因為他們相信自己必須『帶到』許多教材或替孩子準備應付考試，所以沒有時間回答問題。我認為，這種方式會嚴重損害孩子的好奇心。」讀完湯瑪斯・佛里曼（Thomas L. Friedman）的《世界是平的》（*The World Is Flat*）之後，他自問：**那麼，我們應該要有哪些不同的作為，幫助孩子面對一個「平的世界」？**這個提問導引出三本設法解決這個問題的暢銷書。華格納相信，整體來說，新的數位環境為年

輕人帶來的是好的影響。在《教出創造力：哈佛教育學院的一門青年創新課》（ *Creating Innovators* ）裡，他寫道：「這種新學習形式的結果，是讓我稱之為創新世代的年輕人在創新和創業方面擁有非凡的潛能以及興趣，很可能高於史上任何世代。」他說明為何如此：「網路和白天的教室不同，在網路上，年輕人會根據他們的好奇心行事……他們會『為了好玩而去搜尋』，也喜歡點選超連結，看看會被帶到哪裡去。」他總結道，他們已經「學著在網路上去創造、連結與協作，遠比學校容許他們去做的多更多」。[15]若要讓線上學習更深入，他建議老師（而我要補充的是，家長也適用）應該要讓孩子持續撰寫問題日誌，並定期讓孩子花時間研究問題。

　　另一方面，數位環境也可能對提問不利，有愈來愈多人也對於相關負面影響表達憂心。舉例來說，我的朋友蒂芬妮・沙蘭就很跟得上數位潮流（她的先生肯恩・戈德柏也一樣；戈德柏是加州大學柏克萊分校的教授，專攻機器人和自動化）。她很快就認同網路可以是一股轉型力量，於是成立了威比獎，並與他人共同創辦國際數位藝術與科學學院（International Academy of Digital Arts and Sciences）。但，就算是她，也不希望數位完全形塑自家孩子的思考與對話習慣。她家奉行「科技安息日」的規矩：每個星期有一天要放下數位裝置，全心全意身在當下，去探訪朋友以及和彼此相處。

　　他們喊停的對象是什麼？大致上是有大量酸民與發洩者的社群媒體世界。想一想某個常在臉書或推特上踴躍發文，或是勤於

回覆消息動態的人，你不會說此人是以開放態度面對挑戰假設的問題。這種人給人的印象，不會是一個試著去發現自己哪裡有錯的人。這些人不會跨出同溫層，顯然也不是安安靜靜的人。以上指的還是附有姓名和照片的那種貼文。如果是在匿名或偽裝之下貼文，社群媒體的存在就會傷害提問，理由並非沒有人在上面提出問題，而是因為貼出來的很多問題都帶著鄙視與惡意，現今的青少年尤其如此。

一如生活中的每一個其他面向，數位科技對於提問造成的影響也是好壞參半。能即時連上全世界的資訊源頭，是無價且正面的發展，但是，不要期待任其自由發展，網路就會自動培育出新一代更出色的提問者。有一個要思考的重要問題是：科技是否幫助我以及我愛的人們擁抱能多錯一點、不安一點以及安靜一點的環境？如果答案為否，那就要考慮改變環境。

 提問始於家庭

父母和照護者責無旁貸，必須培養出能以創意提問的孩子。神經科學家做的很多研究顯示，心智的習慣很早就確立了，但這不代表日後不能再養成新的習慣，而是說小時候最有機會形塑大腦如何回應資訊。如果我們希望培養出新一代更出色的提問者，就應該更努力影響家庭裡的情況。

第二章討論過的權力動態勢必會影響家庭，太多家庭阻止孩

子提出可以開拓新機會以追求健康和幸福的問題。反之，以我訪談過的創意思考人士來說，當我將主題帶到他們的童年時，幾乎每一個人都告訴我，他們很小就受到積極的鼓勵去展現好奇心。

以 VMware 的共同創辦人黛安・格林為例，她在海邊長大，有一位「熱愛航行的父親」，她享有完全的自由，可划著她的小船「從事非常獨立的冒險」。在開放的水域成長，幫助她學到「如果用某個方式無法解決難題，總會有另一種方法，這只不過是航行路線的問題而已。」戈蒂組合玩具公司的創辦人黛比・思特琳，因為父親工作的關係，成長過程中經常在國際之間來來去去，不斷地挑戰她對文化的理解。米爾・伊姆藍（Mir Imran）的父母鼓勵他動手實作、進行創作、拆解，只要有興趣的事都可以去試試看。長期下來，只要是複雜的東西，他們就會買兩個，讓他把其中一個拆開。他後來進入醫學院，接著創辦了十九家公司，最近的紀錄是約有一百四十項專利都掛上他的名字。

伊姆藍的故事讓我想起亞馬遜的創辦人傑夫・貝佐斯，他一直記著在祖父德州農場裡度過的幾個夏天。貝佐斯說，他那位深富創意且「極度自立」的祖父有一次買了一部不能用的牽引機，替自己和小傑夫帶來一道明確的難題，讓兩人一起解決。在這些漫漫夏日裡，貝佐斯發現他的祖父「真正聚焦在解決問題上」，而且「很樂觀認為自己能夠解決問題，就算是他沒有受過訓練的領域，比方說獸醫工作等等，也難不倒他。」貝佐斯從中學到的心得是「努力不懈去解決問題，自助天助」，直到今日都讓他以及亞馬遜受益匪淺。[16]

在所有和我聊過成長經歷的人當中，凱莉·夏爾（Carrie Schaal）的父母應該是最堅定要在孩子身上培養出提問技能的人。順帶一提，今天的夏爾捧的飯碗就是在阿斯特捷利康藥廠（AstraZeneca）擔任企業培訓人員，訓練公司的腫瘤科銷售團隊。她的父親一輩子都是教育人員。「我會說他應該是在如何提問這件事上教我最多的人，」她對我說，「因為任何時候去問我父親問題時，他絕對不會替我解決，他只會問我問題。」你可能會和我一樣，想到的是她的父親只是拋出一些有幫助的重點給她，但顯然沒這麼簡單。「有一次，我大概十歲時，」她回憶道，「我說：『爸，我只想知道答案，我不想要你講完整套分類學！』」

夏爾現在會笑看過去，想起在這個認真思考提問的家庭長大偶爾會有的惱怒。「我只想知道答案，」她會抗議，「告訴我到底要不要繼續跟這個男孩交往就好。我不需要評估或是問什麼綜合性的問題，告訴我答案就對了。」但，時至今日，她在工作上應用所有提問習慣，回顧過去時她承認：「這確實是一份很棒、很棒的禮物。」

大衛·麥卡勒（David McCullough）在他為萊特兄弟撰寫的傳記中寫到一件事，提到奧維爾·萊特（Orville Wright）回應一位朋友的評論，這位友人認為奧維爾和他哥哥威爾博·萊特（Wilbur Wright）是經典範例，證明「沒有特殊優勢的人」在美國也可以有很好的發展。「但說我們沒有特殊優勢也不對⋯⋯」奧維爾斷然地說，「我們最有利的一點，就是成長在一個永遠鼓勵我們在知識上展現好奇心的家庭。」[17]

同樣常出現在我訪談中的現象是，如果和有小孩的人對談，我會聽到他們急切地將提問的習慣代代相傳，傳承給他們最愛的人。碧雅・裴瑞絲就是一個好例子，她總是讓我嘆服；她在履行職責、引領可口可樂公司的永續行動時是一位出色的提問者，在此同時，她也是一位領導者，為團隊營造良好的提問空間。知道她家有兩名學齡兒童之後，我忍不住問她：「妳有沒有刻意去做什麼事，幫助他們成為更好的提問者、或讓他們一直充滿提問精神？」

　　可想而知，她做了很多。我想要分享的一點是她家的家規，規定任何人都可以在晚餐時間「召開家庭會議」，請其他家人幫忙思考某個讓人煩惱的主題。選定某天晚餐時間要開會之後，「我和我先生不會先發言，」裴瑞絲告訴我，「我們會從年紀最小的輪到最大的。」她提到某一次的「桌邊談話」時段，那一次是年紀最小的小孩要處理學校裡的社交問題。在小女兒描述完整個情境之後，接下來換她的哥哥發言，哥哥的任務是提出問題，指出有哪些方法可以更深入思考這個問題。然後裴瑞絲也要這麼做，最後則是輪到她的丈夫。每個問題都會刺激出一些討論，但最後要由召集人決定要從每個討論片段取用哪些心得以及何時要輪到下一個人。說實話，聽到這種精心設計的操作讓我深感訝異，這樣一來，就把晚餐時間變成同時解決問題與培養提問技巧的機會。這種做法很容易仿效，這也是我在這裡分享給大家的理由。

　　同樣也很容易仿效的，是麥可・席裴為孩子朗讀的習慣。他

告訴我，他特意選擇的書系，是書中的孩子年紀和他的孩子相仿、但所處環境大不相同的書，這樣一來，他說的故事將會「引起很多的問題，比方說他們怎麼樣過日子，比方說談到政治，比方說為什麼這些孩子要去大西部……」他那時讀的書，是蘿拉·英格斯·懷德（Laura Ingalls Wilder）所寫的《草原上的小屋》（*Little House on the Prairie*），這本書引發了一場「長達數月的美好對話，談到美國歷史，談到移民前往西部，談到活在那個時代會是怎麼樣的情況」。幾乎所有父母都會讀書給孩子聽，但這位父親在選擇讀物時多了一點用心，因為他也希望能幫孩子養成提問的習慣。

最後，當我請教網路理性公司的利奧·迪夫，想知道他身上強烈的學習者內省特質有沒有影響他教育小孩，他說：「答案是有，而重點在於失敗，在於鼓勵他們嘗試，而且不直接給他們答案。要教他們問問題。如果你一直給答案，尤其是給小孩，那他們就會開始習慣坐等正確答案就算了。重點是，他們應該從很小就要了解一件事──正確答案不止一個。答案有很多，也有很多方法可以引領你找到你想要的。如果你可以教會他們這些，就能賦予他們很多能力。」

 ## 大學校園的挑戰

「多數人在一般入門大學課程中多半不會有太多的思考，教

授給他們的是經過精心調製的事實知識要他們記憶，不會提供太多訊息告訴學生這些知識饗宴經過哪些處理、人們怎麼樣才相信這些事實以及過去人們如何和雜亂無章的難題搏鬥。」美國教育學者肯·貝恩（Ken Bain）在闡述高等教育以及最出色的大學生應該做什麼時，發出前述的大聲疾呼。[18]「除了考試之前要裝進學生腦子裡的必要素材，大學裡的入門課很少提出難題、推理機會或是挑戰。」他繼續說：「學生通常對不同的學門如何提出問題以及如何回答問題，都只有極少的理解。他們很少檢視麻煩、複雜的問題，也很少聽到有別人這樣做。」

　　很多人對現今的大學校園現況感到震驚，很多大學生甚至不具備參與公民論述的能力。有時候，這裡根本不允許有人說出相反的意見，更別說進行交流了。能不能做些什麼，帶領學生走過十八歲並讓他們成為更有創意且更有生產力的提問者？我相信答案是肯定的。就算孩子小時候沒有學到提問，也不會全無希望。

　　歐文·費斯（Owen Fiss）是耶魯大學法學院資深教授，二〇一七年時出版了事業生涯代表作《正義之柱》（*Pillars of Justice*），本書用一章談一位律師，共十三位，這些人都影響了他的想法，而且，在絕非偶然之下，也在這個世界留下了蹤跡。他描寫的這些人，在領導和啟發式教學（以及在這兩個面向扮演的重要提問者角色）、以及推動公民權時代的法理演進等方面都值得大書特書。

　　舉例來說，且看看他如何描述受教於哈利·卡爾文（Harry Kalven）的情形；卡爾文是芝加哥大學法學院的一盞明燈，一九

六八年夏天費斯成為該校的一員，開始這段師徒關係。費斯說到他們之間的往來，交流總是從問題開始，當兩人走過附近一座長青花園、沿著芝加哥湖濱漫步時，慢慢就變成一場「熱切、極引人入勝」的對話。「他用的方法是對話，」費斯這樣描寫卡爾文：

　　他會設法在徒弟的用語中找到少許的洞見，然後重述一遍，把這些看法變得既有力又深刻，加深了理解，也鼓勵對方繼續提問與說明，做徒弟的會覺得有必要多說一點、更認真思考、從新觀點來看這個難題。這段對話於是乎又拉高了洞見的層次。這就是我和哈利之間的師徒互動。這是我人生中最非凡的經驗之一，也顯露了大師具備的特有人格特質。

　　費斯總結道：「哈利·卡爾文是天才，是絕對原創的智者……」他說，無論他們聊的是最近最高法院的判決、政治事件還是法律教育的未來，「幾乎都會改變我對世界的看法。」你可能也已經遇過好老師，細細思考你就會明白，對方掌握了透過提問「來提高洞見的層次」的技巧，或者，更好的是，鼓勵你自己問出更好的問題。

　　歐文·費斯說得很清楚，他遇見了能啟發人心的思考者，但同時也見識過差勁教導造成的侵蝕效應。他說了一個讓人畏縮的故事，主角是他在哈佛法學院第一年時遇見的教授，當時班上約有一百二十五位學生，其中只有三、四位女性：

在李區（Leach）上課時，偶爾會有學生自動發言或提問，但多數是由他點名學生引述案例的事實或回答他提的問題。然而，那門課一開始時李區就宣布他不會經常點女同學發言，但他會指定一、兩天是「女士日」，在那幾天，他會點名女同學、而且只會點名她們。

到今天為止，費斯想起來仍隱隱作痛，因為他和同學沒有當場抗議這種可憎的排擠行動，反之，「我們什麼都沒說，沒有表達不認同，連抱怨牢騷都沒有。」如果說卡爾文對學生的影響是拉高了洞見的層次，那麼，此人肯定是降格。費斯對於此人在其他方面的記憶，是他如何阻礙了提問，我認為這絕非巧合。[19]

善用問題的教師會運用挑戰假設的問題，帶領其他人進入強烈、引人入勝的對話，由他們帶領指導的學生，將會是毫不遲疑地反抗傳統想法的人。無論面對的是需要正面迎擊的過時預設想法，還是毫不掩飾的偏見，超越傳統學生角色且學會如何提問的人，將會挺身而出。[20]

我在麻省理工的同事羅伯・蘭格（Robert Langer）是一位醫療保健科技創新者，素有「醫學界的愛迪生」之稱，他在教育這方面也有相同的目標。他在最近一次訪談中說：「身為學生時，評判你的標準是你回答問題時的表現。別人會提問，如果你答得好，就得到高分。但在生活上，評判你的標準是你提的問題有多好。」在指導學生和博士後研究生時，他會明確地將他們的注意力匯聚到如何進行這種最重要的轉變，因為他知道「將來

他們會成爲出色的教授、出色的企業家或出色的某種人，前提是他們要能問出好問題」。

永不嫌遲

最後，這裡有幾句話要對經理人說；在培養下一代成爲發揮高影響力的提問者這件事上，這群人也要扮演重要角色。一般人進入職場時多半沒有養成堅定的提問習慣，但是，只要工作出現任何變動，都會讓人迅速進入積極學習的模式，因爲他們必須加速「了解這裡如何運作」，以融入新環境。在這種狀態下，新人會因爲主管與同事的影響力而改變；事實上，他們也無從逃避這些影響。那麼，你要做些什麼，以便向所有同事清楚傳達你很重視提問？

首先，請想一想你營造或是幫忙營造的環境條件；這也是本書的大架構主題。我之前提過，廣告行銷業的李岱艾公司給予十三號工作室的支援。李岱艾公司強調要鼓勵孩子展現自身的創造力，當然和其本身不得不然的需求有關，因爲他們在工作上要有創意。然而，公司的全球創意總監約翰・杭特認爲，可以運用十三號工作室這些孩子的精神創作出創意作品，並把收益回饋給這個組織。最後的成果是他出版了一本書《構想的藝術》（*The Art of the Idea*），杭特說，他寫這本書是出於兩個理由：「首先，我注意到概念在某些情況下會浮現，在某些時候會沉沒，這當中

有一些『模式』可循。過去我一直認為，發想出構想是一個純直覺的時刻，因此，發現有些事物會促成構想、有些則會造成阻撓，讓我嚇了一跳。第二，我想要說明的是，構想沒有階級，你也不需要得到老天特別的眷顧，每個人都能有構想。」[21]

自從明白了這一點，杭特就試著更特意在他的辦公室裡營造特定的環境條件，希望有利於發想概念想法，或至少別造成阻礙，並藉此昭告天下，他期待每個人都應該貢獻一些想法。基於這樣的心態，讓他下定決心，開始從小處鼓勵大家，到最後則積沙成塔，打造出了他想要的企業文化，比任何正式的行動都更有效。

你也可以仿效，比方說，大力公開聲援同事當中的提問者，當勇敢的人提出你不敢問的問題時，不要只是私下同仇敵愾。請在當下公開地展現行動，支持這位勇者以及其他提出你沒想過的好問題的人。身在同一個場合的其他人會去觀察，看看這樣的行動是否被認同以及如何被認同。請效法瓦爾特・貝廷格在嘉信集團的做法，明白表達每個人都要負責去追問「這裡到底出了什麼錯？」。

你也可以養成習慣，讓團隊和同事接觸到更多激發思考的刺激。在這方面，對客戶也適用。在安永這家全球性的專業服務公司，問題蘊藏的力量成為主題，所有事物都從這裡尋找資訊，涵蓋範圍從公司的內部領導發展、服務客戶的方法以及價值幾百萬美元的品牌打造活動。你可能在機場與大型媒體看過這家公司的廣告，特色是動人的照片加上以問題形式呈現的標題。舉一個

經典範例：「當人工智慧負責掌舵時，你要如何導引企業的方向？」最近我剛好認識了這項名為「更好的問題、更好的答案」（better questions, better answers）活動背後的行銷負責人約翰．魯戴斯基（John Rudaizky），聽他談到這個活動的雄心壯志，遠遠不只是尋常的廣告標語而已。

魯戴斯基投效安永時，這家公司才剛剛打出了一個口號：「Building a Better Working World」，公司董事長馬克．溫伯格認為這句話不只是對客戶提出承諾的行銷話術，同時也是傳達給公司內部專業人士的訊息；安永人和所有勞工一樣，都希望清楚知道自己的工作確實有意義。這句話就是為全球企業提供服務的出色顧問要做的事；他希望員工明白一件事：他們幫助客戶把組織管理得更好，從而把「職場世界」（working world）變好。在提升客戶的能力、讓客戶做得更好的同時，他們也讓這個世界「運作得更好」（better working）。不管怎麼解讀，這句口號的巧妙之處都令人難以抗拒。魯戴斯基的任務，是要把這句話再往前推一大步，並傳達安永的專業人士如何落實這句口號。

他在問題中找到答案。他說：「和人們談著談著，情況就變得清楚起來。」出色的顧問不會只回答客戶問的問題，或替客戶找到的難題提出解決方案，他們還會協助客戶找到更好的問題，如果能回答這些問題，局面將大不相同。「我們幫客戶解決的每個難題，都幫助我們自己的職場世界變得更好。」他說：「一個問題接著一個，一個答案接著一個，我們可以慢慢往上爬，打造一個更好的職場世界，讓世界運作得更好。」

有一個重點必須一提，那就是安永也重新定義出色的廣告活動應達成什麼樣的目標：除了改變市場對於企業的認知之外，也應該要改變企業員工的做事方法，讓他們更常對彼此提問。馬克・溫伯格便這樣對我說：「與其說『去做一、二、三這幾件事』，比較好的說法是『這是我想要得到的結果，如果是你，會怎麼做？』這樣一來就進入了對話。」溫伯格說，以他自身的經驗而言，「當你用問的而不是用說的，你會很驚訝地發現你得到的專案成果好很多，就算是年輕員工都表現得更好。」這也讓他們重新思考如何服務客戶。「這套行銷活動方案真正落實之處，」魯戴斯基若有所思地說，「就是我們親身投入、和客戶一起重新建構問題，直接把這句話運用在實務操作上。」他提了幾個範例，這些人都是所謂的新品牌承諾「早期採行者」範例，其中有一位名叫潘蜜拉・史賓賽（Pamela Spence）的夥伴，她為安永贏得一項開創性的專案，「這是因為客戶問了一個問題，而她重新建構，變成另一個更好的問題。」

　　當你和同事、客戶合作時，也能對身邊的人的觀點發揮類似的影響力。你可以想一想是否能借用作坊學校的問題箱，改成適用的版本：在會議一開始先在想法上起個頭，讓大家從更大的格局去思考要做的工作。或者，也可以在預讀資料加入大家平常不會去讀、但能為愈來愈明顯的重要趨勢提供類比或解釋的內容。也可以安排親自拜訪客戶或邀請客座演講者。又或者，領導者可以效法維珍集團（Virgin Group）的創辦人理察・布蘭森（Richard Branson）在日常生活中的做法：保有一份問題日誌，用來點燃

對話的火花。不論你選用哪一種方法帶來刺激，重點是，之後都要做個彙整：得到的資訊或觀點指向我們應該提出、以及回答哪些問題？

　　同樣重要的是，組織裡的人也要看到好問題後續確實刺激出了實質事物。他們終究知道，如果到最後什麼也沒發生，那他們提供的創意就沒有受到重視。要確定組織根據大家提出的問題而展開適當的探索追尋行動，足以產生新的洞見和真正的影響；當影響浮現時，請記得再把故事傳下去，細說重新建構的問題如何帶來創造價值的機會。每當你在讚揚突破時，請記得回頭提到帶來更好答案的問題，並好好說這個故事，強調為何這正是該問的正確問題。

　　以身作則展現你想看到的提問行為，讓大家都看到你的投入。我有一位在財富五十大企業擔任高階主管多年的朋友，我們常聊到提出新問題以找出更佳答案的價值。她很努力為團隊營造安全感，鼓勵大家挑戰假設。但最近她對我說覺得自己辜負了隊友。「我對比我更高層的人也用同樣的提問方式，但我從來不覺得我應該在團體場合這麼做，因為我怕被人當成是在攻擊。」顯然她的主管不像她這麼在乎，並沒有發送出歡迎且期待提問的訊號，但她醒悟到自己要不要管住舌頭，其實不光是由他們作主。她無法成為團隊的榜樣，沒有做到在公司高階主管面前自由思考並展現好奇心的經理人，現在她覺得自己削弱了過去她試圖在他們身上養成的習慣，而且，是在公司需要所有可得的創意思考之時。

圖 8-7
8-8　　我會用「讓人屏息」來描述創新實現（Innovation Realized）這場盛會；這是吉爾・佛勒（Gil Forer）和他深富創意的團隊（和 C2 商業與創意商業峰會〔Commerce and Creativity〕合作）舉辦的年度活動，用來招待安永的客戶，現場有多重感知空間與體驗（包括「問題大爆發」），針對重要的全球性挑戰激發出具有觸發性的問題和洞見。

圖 8-9　坐在吊掛在離地三十英尺的椅子上，極適合討論在全世界高階主管與董事
　　　　會層級如何打破女性遭遇的透明天花板，並建立兩性的平等。

圖 8-10 無論是在創新實踐活動上或其他時候，安永都很努力醞釀創意環境，讓任何人都能選擇提出更好的問題，並期待能塑造出一個稍稍明智一些的世界。

安永的麥克·印瑟拉在我們的對話中也提到類似觀點。他自己的觀察是，職場裡的年輕世代多半「更自由地提出他們的觀點」，至少在一開始時是如此。問題是，在最初的對話之後，「比較資深的員工會挑選要在哪裡分享這些問題」。基層員工針對系統提出的挑戰某些無疾而終，他們都看在眼裡。「我認為，正是因為這樣，使得某些年輕員工到最後會遲疑，不再那麼公開提問。這是因為他們覺得領導者也很遲疑、不願這麼做。」

 ## 預期會出現不同的問題

最能帶動一個世代進步的，就是同一代中有能力建構與聚焦在當代的正確問題上的那些人。今天會占用我們注意力的議題，並非是讓我們的父母輩關心的事，也不是會吸引我們下一代的事。當中的意義是，當我們在培養新一代的提問者時，也要提出新一代的問題。在這些問題當中，有一些我們很難看出是比較好的問題，或是我們已經想通的事情，然而在重構之後又變得重要。

我一直很愛聖修伯里（Antoine de Saint-Exupéry）在《小王子》（*The Little Prince*）裡表達這股張力的方式。在這本經典童書裡，故事中的敘事者推論小王子來自一個小行星 B-612，並提出了一些辯解：

我之所以如此詳細說明小行星的事，包括它的編號，完全是因爲大人的習慣。當你提到你交到新朋友，他們不會問你重要的問題。他們不會對你說：「他的聲音聽起來是怎樣的？他最喜歡什麼遊戲？他有沒有收集蝴蝶？」反之，他們會問：「他幾歲？他有幾個兄弟？他多重？他爸爸賺多少錢？」唯有知道這些數字，他們才認爲自己了解他。[22]

　　在老一輩的眼中，年輕世代的問題通常看起來也像是不該問的問題，也因此，有太多孩子生活在提問受到壓抑的居家環境中，太多的學校系統與社區在組織架構上也讓他們無法說出心聲。

　　爲了改變社會上的提問情況，我自己推動一套我稱之爲「二十四之四專案」（4-24 Project）的行動。這是一場安靜但持續的努力行動，目的是要不斷扶植出一個強大的社群，在每天二十四小時裡抽出四分鐘投入專心提問。這項撥出四分鐘的行動，是以我在第三章說明的「問題大爆發」演練爲基礎，這個做法可以在短短四分鐘內做到很多事。不用天天做制式的演練，比較好的方法，或許可以把重點放在如何進行發想問題，在不同的日子混在不同的事情裡綜合來做。大略算一下，一天花四分鐘，一年就等於多了整整一天專門花在審慎、有創意的提問上，這個要求不算太高，對於已經有動力想去強化創意以及找到新答案來解決棘手問題的人來說，尤其如此。[23]

　　我們需要更多信心，相信當容許人們提出更多問題並讓沒有聲音的人發聲，他們提出的更多好問題會讓每個人都受益。有些

挑戰與機會將會比其他更大、鼓舞更多人。最重要的是，我們必須承認，這個世界上某些最重大的難題仍待解決，要能化解，絕對仰賴下一代能問出更好的問題。每一個人的心智在面對這些挑戰時都是平等的嗎？接下來且讓我們來談談這個話題。

CHAPTER ()9

何不以最重要的問題為目標？

我寫了〈告訴我〉（Show Me）這首歌，

這是對上帝祈禱，

提出關於生死的簡單、直率問題，

以及為何世間有這麼多的苦。

當我隨著這首歌成長，

我理解到我不應該只問上帝這些問題；

我應該拿來問別人和自己。

——約翰・傳奇（John Legend）

對蓋瑞・斯盧特金（Gary Slutkin）來說，他之所以有能量投入開創性的工作長達二十年，源自於一個出現在一九九〇年代末期的問題。當時他住在芝加哥；之前他為了遏阻流行性疾病傳播，在非洲待了很多年，後來才返回美國。在那個時候，槍枝暴力成為芝加哥某些最麻煩地區的生活現實。斯盧特金注意到，多項倡議行動和鎮壓都無法阻礙街頭的謀殺報復循環。有一天，他想到問題可能不在於這些解決方案的缺失，可能是這個問題的根本面需要徹底重新定義。如果槍擊是一種**公共衛生**現

象而非司法刑事上的挑戰，那會怎麼樣？如果用流行病（比方說霍亂）來思考防治措施的話，有沒有可能導引出更有效的干預措施？簡而言之，他要問的問題是：槍枝暴力會傳染嗎？

心理學領域的轉型，要等到馬丁・賽里格曼（Martin Seligman）成為美國心理學學會（American Psychological Association）會長時才站穩腳步。一九八八年以前，幾乎所有訓練有素的心理學家都聚焦在對抗心智失調與缺失的根源，他們的假設是：要追求人的幸福，就要消弭這些負面因素。賽里格曼在美國心理學學會年會上的演說，為他的同僚重新建構了問題。他問道，如果有了某些正面元素能為人帶來福祉，如果能辨識、衡量與孕育讓人幸福美滿的關鍵，那會怎麼樣？換言之，如果心理學家將焦點從人生的**錯誤**移轉到**優勢**，那會怎麼樣？

現代環保運動之始，是芮秋・卡森（Rachel Carson）在滿心不願之下決定要讓大眾注意到的問題。一九五〇年代，當時卡森是一位受過完整訓練的生物學家，文章也寫得好，她撰寫引人入勝的書籍和專文，向一般大眾介紹海洋的奧祕。當她在進行研究並用樂觀快活的筆調解釋生態體系時，卻不斷聽到並看到殺蟲劑造成的傷害，其中最嚴重的就是 DDT。一九六二年她出版《寂靜的春天》（*Silent Spring*），挑戰人類是否應該使用化學物質來主掌自然這個概念。她問道：「我們是否相信，有可能在地球上鋪上一層厚厚的毒藥、卻又不會讓地球不適合生物生存？」以及「輻射造成的遺傳效應讓我們膽寒，那麼，我們為何對於在環境中廣泛散布的化學物質造成的同樣效應無動於衷？」卡森很

愛用問題的形式寫作，藉由提問，她觸發了千百萬人實際行動。

簡而言之，有些問題比其他問題更重要。本書一開始就提到，新問題是孕育出新洞見的父母（但通常不獲承認），在企業界是這樣，在許多其他領域也是這樣。這本書的任務是要讓你得到深刻的印象，明白提問是一種你能學會的技能，也是我們能一起傳給下一代的技能。這些都指向本章的訊息：要成為更出色的提問者，有一部分是要培養出能力以及不顧一切的勇氣，以建構範疇更廣的問題。這個世界遭遇的難題或是機會愈大，我們就需要格局愈大的洞見，而且，我們也應該做好準備，好好提個大哉問。

 提個大哉問

有些人比其他人更善於問大範疇的問題，這是肯定的。我馬上想到的人是伊隆‧馬斯克。我第一次和他對話時，提到他少有人能及的功績，跨越不同產業創辦多家高市值的公司。他創辦的第一家公司叫 Zip2，提供的產品是網路用的軟體。其他如 PayPal 是一家金融服務公司，特斯拉是車廠，太空探索技術公司打造可重複使用的火箭，鑽孔公司（Boring Company）則是一家交通運輸基礎建設公司。同一個人怎麼能在所有領域都揮著大旗領軍向前？

馬斯克說，一般而言，當他在應付難題時特別強調兩個面向，並點出幾個其他的重要關鍵來說明他的創業成就。他提到的

第一點，我在第一章中也提過：他相信要回歸「第一原理思維」去找出更好的解決方案。這表示，不管面對任何難題，都要體認到當中有一些已存在多年的既有假設，決定了哪些可以改變、哪些又是必須接受的現實。其次，馬斯克注意到，很多新穎的解決方案都是不同領域概念交互作用之下的產物。「很多人試著花很長時間去解決某個產業內棘手問題，他們不會去問：『嗯，我們有沒有辦法套用不同產業裡的解決方案？』」他說，「如果這麼做，可以帶來很強、很強的力量。」

至於他點出哪些關鍵，這就要談到當我問起超迴路列車時他的答案了。這個概念大受歡迎，讓他自己也很訝異。最初，這是他在加州聖塔蒙尼卡（Santa Monica）演講時脫口而出的話。「我試著解釋為什麼我遲到這麼久，然後我說我們真的需要新型態的交通工具，接著我就說出了『我想到一種新型態交通工具的構想』。」事實上，我之前也提過，這個想法根本是天外忽然飛來一筆。基本上，他在前一個小時才想到這個概念。他說，忽然之間「網路上的聲浪不肯放過我，不斷有人追問我：『你說你要跟我們聊聊的概念是什麼？』那時我的反應就是：『我的天啊！』」他告訴我們，他最初設想的運作方式不成立，整個概念必須重做。等他提出一個具可行性的版本之後，他「在一些同事的支持下寫了一篇報告並發表出去、貼出推特連結並花了半小時召開問答記者會。」換言之，超迴路列車並沒有什麼超誇張的宣傳活動。「對，就這樣，」他總結道，「反正，事情就是這樣的。」

但，等一下。我們能不能多追問一些，了解到底發生什麼

事？我認為，必定有許多原因讓馬斯克能快速把問題轉化為行動。首先，馬斯克這一次瞄準的又是重大問題。他懂了我的意思。「我想，整件事指出了一點，那就是一般人真的很希望能徹底改善交通運輸系統，」他若有所思地說，「我認為，就因為這樣，這個想法才能獲得這麼多關注。」雖然他完全沒有試著去推銷這個概念，但對很多人來說，這本身是一個能讓人覺得充滿能量的問題，他們希望從他身上得到更多承諾。赫爾曼‧梅爾維爾（Herman Melville）在《白鯨記》（*Moby-Dick*）做了以下宣告、同時解釋他為何要寫這本書：「要寫出偉大的作品，你必須選擇偉大的主題。」[1] 同樣的道理也適用於你要提出偉大的問題時。如果你提出一個問題，直指很多人都遭遇而且痛恨的問題核心，那你就能發揮極大的影響力。

其次，在挑起他人興趣並讓很多人面對這個問題之後，馬斯克願意認真地因應這個問題。他沒有轉身就走、把這當成一時的天馬行空，也沒有把他已經在經營兩家大企業當成（合理的）理由藉以脫身，他堅守任務，把這變成一個可行但仍大膽的構想；在這個過程中，要提出與回答更多問題。

第三，馬斯克說的話能引發高度的興趣，是因為大家看到他一直都有始有終面對自己過去所提出的大量問題。他在我們的訪談中說得很清楚，他深信人必須先累積出可信度才能承擔重責大任。他也是這樣要求別人。當我們問到他聘用員工看重的特質時，他說：「我通常找的是有紀錄證明自己具備非凡能力的人……我不在乎他們大學或甚至是高中有沒有畢業，只要有解決

過重大難題即可。」他也這樣要求自己。他不會要求投資人將資金投入原型還沒到一定水準的專案，他會設法達到「敲定所有細節，而且能以夠低的成本進行商業生產、讓人們負擔得起」的程度。這樣的可信度，契合我在第七章談過的「提問資本」。要累積這種資本，你不僅得回答問題，還得動手去做以發揮影響力。

最後，當一個人顯然希望邀請他人一同踏上追尋旅程時，也就提高了自身的提問資本。（你可以回想一下本書一開始引用的艾利‧魏瑟爾名言。問題之所以重要，是因為我們之後展開**追尋**。）同樣的，那天我們也和馬斯克談到這一點，因為他的特斯拉車廠在一場排名賽中拔得頭籌。像這樣的時刻，他本來大可沉醉在打敗競爭對手的體驗中，但他沒有，他談的是因為能影響他們所帶來的喜悅：

特斯拉是真正讓汽車產業重新思考電動車的車廠；汽車業在加州改變規範之後已經放棄了電動車。通用汽車召回他們所有EV1 電動車，丟進垃圾場壓碎。沒有人想要做電動車。當我們不斷前行、先做出 Roadster 跑車之後，也帶動了通用做出 Volt。當通用宣布推出 Volt，日產（Nissan）也覺得有信心可以向前走，推出了 Leaf。就這樣，我們基本上讓汽車電動化這件事動了起來，雖然很緩慢，但是開始滾動了。我認為這很重要。

身為化解難題高手的馬斯克，很愛談問題蘊藏的力量，他在許多場合都談到大約十四歲時讀到道格拉斯‧亞當斯（Douglas

Adams）撰寫的《銀河便車指南》（*The Hitchhiker's Guide to the Galaxy*），從中學到「一大重點，那就是很多時候問題比答案更困難。如果你可以適切地提出問題，答案就簡單了。」在如此稚嫩的年紀，他就明白找到正確答案能帶你前進的程度有限。如今，馬斯克將他的驚人聰明才智用來尋找更好的問題：能打破假設、將能量導入路徑找到新答案的問題。他在這方面為什麼比多數人更有能力？大體上，是因為他很早就踏上這條路，而且一直走下去。

 ## 學習活在問題中

在德語詩人萊納・瑪利亞・里爾克（Rainer Maria Rilke）的作品中有一段直接寫出聚焦在問題與聚焦在答案的差異，他是這麼寫的：

要用耐心對待心裡面未決的一切問題。試著去愛這些問題。請把它們當成是鎖上門的房間，或是以外文寫成的書，現在不用急著找答案。你現在找不到答案，因為你沒辦法活在答案中。重點是，要活在一切當中。現在你要活在問題中。也許，未來有一天，慢慢地，在你不知不覺中，你已經活出了答案。

後來，美國作家安德魯・所羅門（Andrew Solomon）在《紐

約客》（*New Yorker*）認真檢視了這些文字。「其中的洞見很了不起，但是里爾克說反了。」他宣稱：「相信要找答案能帶你順利走過初期，但是，相信要找問題，問題是更虛無飄渺的，你要花很長的時間才能找到。想要知道得更多，勤勉即可；但是，要能坦然接受某些事你永遠不會懂，則麻煩得多。相信問題無論有沒有答案都很珍貴，是已臻成熟的作家特有的標誌，而不是新手身上獨有的天真之福。」[2]

我不確定里爾克是否錯了。畢竟，他為這首詩下的標題是「給一位年輕詩人的忠告」，因此，我們可以猜測，他的目標是要和別人分享身為成熟作家的他累積得來的智慧，他自己還是天真的新手時會很希望懂得這些道理。但我也同意所羅門的看法，人多半都要在人生比較後面的階段才會「活在問題中」。當我訪談處於事業生涯後期階段的人時，多次看到這方面的證據。

我想到的是，很多人正面挑戰了格局更大問題的時機，也正是他們明顯精熟自己所從事行業之時。這個時候，他們不僅是能力極強的動手實作型人物，也能好好思考自己的工作，進入他們自己也未曾經歷過的深度。這番反省，讓他們去思考自己擁有的技藝——這已經成為他們身分認同的核心——還能滿足哪些更大的使命。就以我們在第六章時提過的調解專家湯尼·皮亞薩為例，他花了三十三年磨練自己的才幹，他告訴我：「我很遲才明白我茁壯成長之後想做什麼；我想做的事，就是試試看能不能把我在調解當中學到的心得拿來應用，然後在流程中增添一些效率，化解爭議，不要任其轉變成暴力、甚至最嚴重的武力衝

突。」他以他的調解技巧在「阻止其他鬥爭」上能發揮到什麼程度作為基本問題，創辦了一家非營利機構。

漢斯普林木偶公司（Handspring Puppet Company）的創辦人，是倫敦與百老匯轟動舞台劇《戰馬》（*War Horse*）背後的創意力量，他們是絕佳的範例，體現了這種「有點遲但又不會太遲」的反省。對於大部分戲迷來說，《戰馬》是第一齣讓他們認識安卓恩·克勒（Adrian Kohler）和巴西爾·瓊斯（Basil Jones）巧妙手藝的戲，但事實上，在二○○七年《戰馬》初登場之前，這兩人登台演出高度原創且震撼力十足的木偶戲已有幾十年了。對他們來說，《戰馬》代表的是比較偏個人面的轉捩點。「《戰馬》是三十年來我們第一次沒有親自演出的戲。」瓊斯對我說：「當時剛好發生兩件事：第一，我們正在寫一本書《漢斯普林木偶戲團》（*Handspring Puppet Company*）記錄我們的工作；第二，那是我們第一次成為『木偶戲導演』而非表演者。我們忽然間必須從分析的角度來思考我們在做的工作，並回答以下這個問題：『為什麼選擇偶戲？』」

瓊斯笑說，這是他之前從未想過要好好應對的問題：

以前我認為這很惱人，這就像記者問一名舞者：「為什麼選跳舞？」答案大概會是：「我就是做這一行。」但事實上，這是一個好問題，因為我們必須開始回答以下這個問題：「偶戲能提供什麼？」現在我們已經針對這一點寫了很多，也更清楚偶戲能提供什麼，因此也更大力宣揚。我認為偶戲是一種非凡、初

興的藝術形式，實際上運用起來可以發揮強大力量，但又幾乎隱而不見。

　　瓊斯談到一件事，他說偶戲將人類經驗中很重要的部分帶上舞台；過去，這部分「完全被經典劇本遺忘」。嬰兒或幼童（或是動物）不可能夜復一夜穩定地在舞台上表演，因此，寫作劇本的人根本不考慮這些角色。偶戲另一個強大的效應，是可以發揮「情緒義肢」（emotional prosthesis）的作用。經歷過創傷的人「透過這樣的義肢，更能對他人說起創傷經歷，比由他們自己說出口更容易。」瓊斯觀察到：「比方說，這可以用來講父親入獄造成的傷害，以及這對你來說有何意義。如果你用的是人偶，會比較容易一些。」

　　在我們談話的過程中，我愈來愈清楚看出貫徹克勒與瓊斯所做的全部專案的強力主題。南非（他們兩位成長於此）的種族隔離政策結束後，他們一開始和小鎮裡的兒童合作，後來創作以動物為中心的戲劇（也因為演出之故，他們過去四十年必須過著公開的生活，身為男同性戀的他們，得往來於各個公開性向會遭致危險的角落），尋找方法讓沒有聲音的族群發聲。後來我聽說他們創辦了非營利組織漢斯普林偶戲藝術信託（Handspring Trust for Puppetry Arts）時，一點都不覺得意外；這個機構把焦點放在他們開普敦（Cape Town）工廠附近的小鄉鎮，四處尋找、指導與支持新生代偶戲藝術家。看到這個劇團壯大，發展成有超過二十位全職員工再加上眾多表演藝術家的組織，我也毫不訝異。去

思考你的工作能回應哪些格局更大的問題，自然也會拓展工作的
範疇。

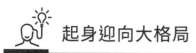 起身迎向大格局

克勒和瓊斯減少直接操演偶戲後，發現自己對其他格局更大
的問題產生興趣，思考起自身工作要擔負的使命，這是很常見的
現象，或者應該說，這在成功的領導者之間很常見。無法成為成
功領導者的人，失敗的理由通常是他們無法提升到該有的高度，
去檢驗與答案相較之下，組織應聚焦在哪些問題上。在商業領導
者當中，最有名的深富遠見的人士與勵志者都是創業家，這絕非
巧合；尤其是考夫曼基金會稱之為「高影響力」（high-impact）
的創業家，這些人特別善用科技突破，提出擾動產業的解決方
案。諸如賈伯斯、創辦 Zipcar 的羅蘋・雀絲、創辦 23andMe 的
安・沃潔席琪（Anne Wojcicki）、創辦 VMware 的黛安・格林以
及創辦亞馬遜的貝佐斯，一開始都是先提出帶有挑戰性的問題，
而他們也擁有提問資本，持續不斷這麼做。

另一方面，更有意思的是檢視擔任管理職的人何時進行轉
變，從提供明智答案變成提出明智問題。富達投資公司的執行長
艾比蓋兒・強森（Abigail Johnson）在這方面讓我嘆服。我親身體
驗過她所營造的提問文化，因為富達運用我的「問題大爆發」
演練以及其他方法，讓假設浮出檯面然後挑戰假設。強森真心相

信必須在組織裡全面強調問題的重要性。她說，在富達，人們不會自動去看重提問。「在整部公司史上，我們大致上是行動導向，」她解釋，「我們找出客戶的問題，提出指標驗證問題，然後轉進解決問題模式。當我們可以解決的問題正在眼前虎視眈眈時，很難有耐心花時間進行腦力激盪，去思考客戶的需求。」她說，但是「提問的過程可以幫助我們，確認自己沒有錯失可能對客戶經驗造成衝擊的更重大、更基本問題。」

強森認為，她有一部分的工作是要為其他人「搭好舞台」，讓他們能更開闊地思考，並且歡迎同仁提出創意性的問題。在這部分，她強調心理安全。她是這麼說的：「我的職責之一，是營造提供支持的環境，讓富達的各領導者覺得自在自信，提出和富達業務策略、文化以及顧客有關、而且讓人感到不安的問題。」她說，很重要的是「每個人都知道大家無意去找人或找事背黑鍋。觸發性問題的重點，不是為了過去的錯誤或疏忽找兇手，重點是要超越初念，真正去探究根源問題。」

強森也認同，在她的公司裡，身坐大位的她要負責發聲，提出她想用來激發出最佳想法的問題。她仔細想過這一點，並在四個基本領域提出問題。第一是投資產業的產品價格與營收面對不斷下跌的壓力。什麼辦法有用？我們需要做哪些更新或改變？第二是需要加快速度與提高敏捷度。強森說：「大規模、多年期且極其複雜專案的時代已經過去了。」我們如何持續善用客戶回饋的意見以改變並調整路線，加快行動？第三是在富達營運的業務與市場裡，規範不斷改變。我們要如何預測、預備與改造客戶體

驗，不僅做到遵循新的規範制度，還要能提供絕佳的客戶體驗？第四是人口結構改變帶來的影響。比方說，無論是身爲客戶還是員工，千禧世代和 X 世代有哪些不同的期望？

公司規模大如富達這樣的企業，執行長的工作可說是責任重大，履行這些職責時，最難的是要想清楚如何分配有限的時間和注意力。心力放在哪裡最能對公司的未來帶來正面影響力？我的觀察是，高階主管在任職期間內能不能留下什麼，說到底，就看他們能否辨識出需要作出重大改變的時刻（這些時刻也就是英特爾〔Intel〕的安迪・葛洛夫〔Andy Grove〕口中有名的「轉折點」〔inflection point〕），並整頓導引唯有他們能動用的能量，帶動轉型。他們要問對問題。

強森提出四個領域以匯聚她公司內最好的想法，時間會告訴我們這樣做對不對，但依我看來，以該做的工作而言，她問的問題達到適度的平衡，兼顧了開放性與聚焦度。更廣泛來說，我非常同意她對於自己身爲執行長職責所在的看法，以及分配注意力的先後順序。她非常專注在富達及其競爭對手「不知道自己不知道」的事物中內含的威脅，而她正在做的事，是先營造能得出正確問題以及正確答案的環境條件。

 身在提問這一行

回到一九九四年，當時彼得・戴曼迪斯要解決一個難題。

他一心想要到太空旅行。但是，僅有太空人才能成行，戴曼迪斯並不是太空人。他不久前才試著創辦一家發射衛星的企業，合作對象是他的好友兼事業夥伴格雷格・馬里尼亞克（Gregg Maryniak），但就連這項與太空相關的冒險都無疾而終。看來，是沒有希望如願了。

　　有一天馬里尼亞克去逛書店，剛好看到查爾斯・林白（Charles Lindbergh）的經典作品《林白征空記》（*The Spirit of St. Louis*），細數他飛越大西洋的歷史性航程，馬里尼亞克買下這本書當作禮物送給戴曼迪斯，鼓勵他繼續努力拿到機師執照。戴曼迪斯以前就大致了解，一九二七年時有很多飛行員想要贏得勝利，以誇耀自己是從美國直飛到歐洲的第一人，而林白打敗眾人；但在讀本書之前，戴曼迪斯並不知道當中還牽涉到獎金。林白說得很清楚，讓他以及其他人躍躍欲試的，是紐約的旅館業主雷蒙・奧泰格（Raymond Orteig）提供的兩萬五千美元獎金。

　　戴曼迪斯馬上想到一個問題：**何不針對太空旅行設立一個獎項**？如果想激勵愈來愈多的太空創業家（這指的是有能力完成使命，將付費顧客送入太空的民間企業家），這就是現缺的元素嗎？ X 大獎於焉誕生。名稱中的「X」原本是預留位，這是戴曼迪斯和他召集來的小團隊想到的主意，他們想的是要放出風聲，找到一個相當於奧泰格的人投注一大筆贊助金後冠名。最後他們找到安努莎・安薩里（Anousheh Ansari）與阿米爾・安薩里（Amir Ansari）這兩位慷慨的贊助者，於是這個獎就被暱稱為「安薩里 X 大獎」；「X」雖然是權宜之計，但已經引發了一

陣風潮，因此保留下來。X 大獎活了下來，因為第一次競賽很成功，更鼓舞戴曼迪斯以及他的團隊，讓他們至少複製同樣的獎項模式十二次。這件事也成了另一個問題：世界上還有哪些看來只欠東風的難題，少了一點熱情投入，但可以靠著競賽補上臨門一腳？

你可能還記得第一次競賽的結果。一九九六年第一次宣布要比賽，但在八年之後才發出一千萬美元的獎金給太空船一號（SpaceShipOne）；這艘參賽太空船的出資者是微軟的共同創辦人保羅·艾倫（Paul Allen），設計者是航太創新發明人伯特·魯坦（Burt Rutan），滿足了獎項的規定：得獎者必須是非政府機構，要發射可重複使用且由真人駕駛的太空船，要有相當於三名乘客的載重量，並要在兩星期內進入太空兩次。

這個故事廣為流傳，但要等到奇恩·戈哈爾（我在更早的幾年前於一個攝影作坊中認識他）盛情邀請，讓我能親訪 X 大獎位在加州克弗城（Culver City）的辦公室，我才了解當中的細節。[3] 戈哈爾帶我四處看看，到處可見紀念品標記著多年來設置與被贏走的獎項，包括「地球探險、海洋探險、能源、環境、教育各領域。無論任何領域，只要有機會解決重大議題，都會設立獎項以呼籲大眾出手。」比方說，最近一項大獎就落入一個由五位醫療保健專家以及醫生組成的團隊。「他們了不起之處，」戈哈爾告訴我，「在於這是一個由五兄弟姊妹組成的團隊，在自家地下室做實驗。」這個獎項的名稱叫做「高通三度儀 X 大獎」（Qualcomm Tricorder XPRIZE），靈感來自一九六〇年代

圖 9-1 太空船一號激勵了 X 大獎的每一位工作人員,讓他們把問題與洞見盡可能推到最遠處。

圖 9-2 我和當天的導覽員奇恩‧戈哈爾同行,進入 X 大獎獨有的科幻顧問委員會(Science Fiction Advisory Council)現場。

圖 9-3　正中央的裝置是《星際爭霸戰》裡三度儀（來自於原版電視影集）的復刻品；這項裝置是「高通三度儀 X 大獎」的靈感來源。

原創電視影集《星際爭霸戰》（*Star Trek*）裡麥考伊醫官（Dr. McCoy）使用的虛構醫療儀器。「我們問，」戈哈爾說，「我們該如何設計出可以診斷重大疾病的消費性手持裝置，讓大家都能得到醫療保健服務？」顯然，這樣的裝置在世界各地的偏鄉將非常寶貴，而且，即便是醫療保健機構提供充分服務的地方，當人們有需要時，也可以在大半夜裡使用這項科技。二〇一二年時宣布要進行本項競賽，到了二〇一七年才把獎頒出去，總會有一天，消費者可以購入使用（假設優勝團隊的裝置能順利通過美國食品藥物管理局〔FDA〕監理單位核可）。

感受這一切之後，我想到的是戴曼迪斯和他的團隊都很專業，善於提出重大問題。這個組織正是為此而設立的，他們也花

了很多時間去思考怎樣把事情做好。舉例來說，他們的做法中有一個特別有意思的特色，那就是他們召集了「由科幻小說家組成的顧問委員會，協助我們建構概念，看看未來會怎麼樣；我們和委員會合作，想出真的能推動我們的創意概念。」他們也舉辦年度「遠見者高峰會」，召集擁有大量提問資本的人（請想一想詹姆斯・卡麥隆〔James Cameron〕、賴瑞・佩吉〔Larry Page〕、安努莎・安薩里、歌手威廉〔will.i.am〕等人），和 X 大獎理事會一起集思廣益：「世界上還有哪些我們應該試著去解決的重大問題？要如何運用設立獎項模式來解決這些問題？」他們針對出現在最高層次的挑戰畫出了「地圖」。到目前為止存在的問題包括對抗氣候變遷、建設永續住宅、教育普及化以及把人類送上火星。這些地圖基本上是在切割大問題，變成多個要素問題，藉此設立中期獎項。我認為，找到適當的層級去推銷某個獎，是 X 大獎基金會培養出的最出色的能力。不能用毫無根據的假設去設想解決方案的樣貌，因為這樣會造成限制；要讓團隊與捐助人相信目標在合理時間內可行、要提供夠高的獎金誘因，才能吸引到許多傑出人才、將他們的才幹從其他用處轉移過來。當然，抱走大獎的標準也必須非常清楚客觀。以三度儀挑戰為例，優勝的標準是世界上第一部能診斷出十種重大疾病的裝置，而且準確度要相當於由十五位領有專科執照的醫師會診。

如果把 X 大獎基金會的任務想成專門提出重大問題，你會發現，他們其實並不孤獨。事實上，有一個正在壯大的產業就聚焦在提出觸發性問題這項重要任務上。創新中心（InnoCentive）

和九個席格瑪（NineSigma）等公司的存在，單純就是為了要管理群眾外包的競賽，讓外部創新者幫忙解決企業內部的研發難題。同樣的，他們也把重點放在如何把這項任務做好，而且非常精通問題設計，所有工作的出發點，都是怎麼做才能提出最創新的解決方案、以及怎麼樣才能讓最多人參與。

在這個產業裡（或者，更精準的講法應該說這個生態體系），我要提一提麻省理工學院媒體實驗室。這個知名的創新、系統性思考交會點，離我位在肯德爾廣場（Kendall Square）的辦公室僅有幾步之遙。我先前去了那裡，並和前主任伊藤穰一（Joi Ito）聊了一下實驗室的專案和使命。他告訴我，簡而言之，實驗室的重點在於「創造一個地方讓我們可以持續提問，並營造促成因緣際會的環境條件。」實驗室有來自各地約八百人的員工、學生與研究人員齊聚一堂，他說這裡是「小小的提問聚會所」。這個詞可以說是恰如其分，從實驗室每半年舉辦一次的活動當中可見一斑；舉辦活動的目的，是為了招待相信這裡能「探索其他地方無法探索的領域」的企業贊助商。他說，每年兩次會有「一千名來自企業的人過來，他們都會自動進入探索、開放的模式，抱持著實驗性的心態，而且覺得這樣很好。」

在這裡，相關人員也很認真思考如何去問出更重大、更好的問題。實驗室的中心要務，是要促成兩種類型的人持續交流：一種是要負責在真實世界裡創造出解決方案的人，另一種則是了解科技理論與最先進能力的人。快速做出原型——或者，這個實驗室裡慣用的說法是做出「樣本」——也是核心信念，因為這能

促成不同學門的團隊之間更密切合作。「如果你設想的是學習用機器人，而你的身邊有發展心理學家、機械工程師和電腦專家一起工作，這些人無法和彼此暢談理論，」伊藤說，「但是因為要做出機器人，而這是每個人都看得到的東西，忽然之間，大家的態度都嚴謹了起來。」

麻省理工學院媒體實驗室一九八五年時由尼古拉斯·尼葛洛龐帝（Nicholas Negroponte）和傑羅姆·威斯納（Jerome Wiesner）創立，歷經三十多年，期間發展出許多方法和規範，以利更有能力問出對的問題，我在這裡只想再多強調一種組織操作方式，單純因為我個人樂於聽到有這種方法。實驗室有一個名為「其他教授」（Professor of Other）的常設學術性職務，經常招聘人才。這裡的重點是，世界上總有些極有能力的學者，試著去探問無法單純歸於任何既有學門的重大問題，如果請他們選擇自己屬於哪一個領域，他們可能會勾選標示為「其他」的選項。伊藤說，這些人不是「沒有」自己所屬的學門，他們是「反學門」（anti-disciplinary）。當實驗室為了這個職位廣徵人才，向一眾希望能獲得麻省理工學院媒體實驗室約見的學術人才招手時，他們發出的求才訊息就伊藤的話來說是：「如果你在其他地方可以做你想做的事，你就不應該應徵這個職務。如果你可以讓別人出資贊助你去做你想做的事，這份工作就不適合你。」

媒體實驗室、X 大獎基金會等機構、如雨後春筍般出現的群眾外包創新平台、Google 的「登月」小組（很有意思的是，他們也叫「X」）等等蓬勃發展，是令人振奮的發展。這些組織正

以提出重大問題的藝術與科學爲核心來創造出更多學門，同時也讓這個世界更明白提問的力量。

 ## 提出重大的社會問題

　　過去二十年來社會企業的成長也有異曲同工之妙。創業者看重發揮影響力勝過獲利，將目前許多最重大的社會問題端上檯面，讓更多人能夠一起出力因應。

　　我和馬克‧魯伊斯（Mark Ruiz）、瑞絲‧費南狄絲－魯伊斯（Reese Fernandez-Ruiz）夫婦倆相識已久，他們兩位都是社會企業創業家，很早就學會如何「活在問題當中」。瑞絲是瑞格瑞琪（Rags2Riches）時尚公司背後的原動力，這家公司爲菲律賓的社區手工藝者帶來力量，幫助他們製作時尚與家用產品，並推往全球市場。瑞絲告訴我，她從小就對於不公不義之事反應激烈，因此，她會打造她所稱的「公平競技場」來幫助身邊的勞工與供應商，也是順理成章之事。而她也把成就歸於她的提問衝勁。讀大學時，她和友人便因爲看到身邊他人的貧困而感到難過，但「你知道的，我們當中有些人自我催眠，說很多人貧窮是因爲他們不夠努力。」她不接受，反而提出理據：「如果你能打造出公平競技場，讓每個人都有同樣的機會，這樣才會**知道**他們的貧窮是不是因爲不夠努力。」回顧過去，瑞絲說：「我對於身處貧窮的人不做太多假設，但我總是問：爲什麼？爲什麼他們會

這樣？如果我們打造出適當平台的話，他們會有什麼反應？」

　　同樣重要的是，她的提問本能也幫助她堅持下去，花費超乎預期的時間完成專案建置。「我們花了四年時間才得到手工藝者的信任。」她回憶道：「如果你是想要做好事的人，這會讓你很意外：『他們為什麼不信任我？我正在幫忙他們啊！為什麼他們不會投桃報李？』」她強調，但這並不是有益的提問思路，反之，「該問的正確問題是：他們到底經歷了什麼？為什麼他們這麼不相信人？」從這個觀點去看，讓她能接受短短一年無法消除累積了幾個世代的缺乏信任。「這些問題幫助塑造了瑞格瑞琪公司，到現在仍是如此，」瑞絲說，「如果我當時逕下結論，現在就沒有我們了。」

　　馬克也創辦了一家社會企業，大約和瑞格瑞琪公司成立的時間相當，他們的主題也相同，都是為了營造公平的商業競技場。在那之前他任職於聯合利華（Unilever），學到了行銷管道的相關知識，其中有一部分就是他見到了「菲式雜貨店」（"sari-sari" store）的業主；這些是小型的傳統菲律賓雜貨店，在全菲律賓約有五十萬家。「當我在研究他們時，我的問題是：這種店怎麼會有這麼多？」他回憶道：「為什麼只有少數能成長？」在聯合利華工作時，他也看到這家跨國企業為像沃爾瑪超市（Walmart）這類最大型客戶提供高水準的服務。因此他在想：「我們如何能為這些菲式雜貨小店提供如最大型客戶一般的服務，給予同樣的在乎、同樣的關注和同樣的能量？」如今他說這些是讓他創辦哈皮諾（Hapinoy）公司的「創世紀問題」；哈皮諾公司是一家

非營利事業，宗旨是要讓「菲律賓經濟中最末端被邊緣化的微型零售業獲得力量」。該公司的工作指南，是要讓這些商人享有高效率經銷管道與高效能業務開發策略的益處，過去這些都專屬於大規模的零售商。

我很佩服這對夫婦一件事，那就是他們不僅提出重大問題，也會問和自我覺察有關的問題。舉例來說，當我問馬克他們兩人的做法是否相輔相成時，他說他自己的傾向是多問「冷硬、理性」的問題，去思考如何改善營運，瑞絲則比較容易轉向需要用情緒智慧應對的問題。他總是在問哈皮諾公司可以做出哪些變革以提高小店主的收入，這些小店主很多都是努力賺取現金以幫忙艱辛家計的母親。「但瑞絲看的永遠都不只是提高收入而已，她問的問題是她的社區真正重視的價值是什麼，又該如何提高他們的福祉。」他說，瑞格瑞琪公司「有一套生活品質方案，但我從來無法了解其中的概念，這是因為，老實說，我沒有那種取向，但她有。」

我知道，我在說馬克與瑞絲的故事時濃縮了一個廣大且充滿活力的社會企業世界，只聚焦在某個縮影上，但我認為，這些主題能讓很多人心有戚戚焉。社會企業的興起，也就相當於提出重大問題的提問者興起。我們生活的這個時代，有更多人更熱切且能夠迎向大範疇的挑戰，也有更多人渴望承擔這種偉大的使命感。就像馬克這樣，當他們去做成功定義狹隘的工作時，他們環顧四周，並問：**只有這樣嗎**？當他們看到同事的提問能力在工作環境中不增反減，他們問：**這就是我想要的嗎**？相較於過去，現

在有更多人不會因爲任何可能讓人灰心的問題而停下，他們不會任自己過著「安靜絕望的人生」，而是把自己的問題轉化成認眞的決心，並找到方法爲答案注入能量。

重大即根本

如果要用另一種或許更精確的方式來說什麼叫「重大問題」，我們可以說這些就是「根本問題」。最重要的、可能引發轉型的問題，都是回歸第一原理思維的問題。用這種方式來思考，就可以明白並非所有「重大」問題的規模都大。這類問題可能是當地層次造成轉型效應，例如單一社區、單一公司或單一個人。

瓊安·拉洛維勒（Joan LaRovere）是波士頓兒童醫院（Boston Children's Hospital）小兒心臟內科醫師，這份工作的工時長於任何全職工作的定義，但她卻仍能在事業生涯早期和他人共同創辦德行基金會（Virtue Foundation），專門投入全世界的人道救援工作。基金會的起點，是拉洛維勒發現醫療以及其他援助用品無法順利送達受援國家內需求最殷切的地方，多半湧進運送目的地的城市區域，偏鄉地區的人民仍孤立無援。拉洛維勒與她的共同創辦人埃比·艾拉希（Ebby Elahi）明白，解決之道就是針對災難事件取得更詳細的數據，畫出區域地圖爲援助活動提供更好的指引。

對這個世界來說,這是很了不起的工作,然而,當我和拉洛維勒談起這件事時,明顯感受到她認為這對她自己的性靈精神面來說也很重要。多年前,拉洛維勒就明白,追求物質主義標準下的成就並不夠;她相信,現實世界裡有超越物質的更深刻層面,因此,讓她徹底改變的問題是:「我要準備往哪裡去?」這聽起來是一個很重大、很精神面的問題(確實也是),但也為拉洛維勒的日常工作與生活提供了很實際的指引。「當你開始這樣過生活與思考,你就會花心思去保護這份信念,你會去滋養、餵養,也會在你所有的生活經驗中讓這份信念壯大。」她說:「之後,不管你做什麼、你和他人有什麼樣的互動,你都會問:這對我的靈魂來說是好事還是壞事?這會讓我更接近我想要成為的那種人嗎?」

當我聽到歐普拉發動的一項倡議活動時,就想起了拉洛維勒的問題。歐普拉將今年(我在二〇一八年年初寫這本書)稱為「重大問題年」(the year of the big question)。她這麼說是什麼意思?「每個人都有屬於自己、別人無法回答的大問題,」她一開始就解釋,「今年我們會提出十二個大問題,一個月一個。這些都是我深思過而且知道自己的答案是什麼的問題,我也知道我的答案一直在改進。」[4] 關於歐普拉,有一件事很有意思,那就是她擁有獨特的個人品牌,讓她可以全方位地去談熱情支持者的人生,小至他們個人在人際關係與健康問題上的苦苦掙扎,大到對於全國性與國際性志業及社會動向的興趣和行動。不管是她的讀書會選書還是她的投資選擇,她都有能力影響千百萬人。在她

稱之為「重大問題年」的這一年，她利用這股影響力，敦促人們更聚焦在他們應該自問與問其他人的問題上，包括所有層面。

　　從某方面來說，歐普拉相信問題的力量並不讓人訝異。她從很年輕時就開始做現場訪談，接觸形形色色的人；截至她收掉帶狀節目、播出最後一集時，她已經累積出了四千五百八十九集節目、播送超過三萬七千次一對一的對話。「我從多年的訪談經驗中學到一件事，」她說，「想要得到你需要的答案，關鍵就是要問出對的問題。」可想而知，她問的問題數量應該超過地球上的任何人。但我認為，她敦促人們想辦法去弄清楚自己人生中的大問題，和她自己利用大問題重新建構人生這件事更有關係。據歐普拉說，她讀過蓋瑞・祖卡夫（Gary Zukav）的《新靈魂觀》（ *The Seat of the Soul* ）之後，得到的啟示改變了她的人生。「書中最令我震撼的章節，」她為這本書二十五週年版撰寫引言時寫道，「是談論意圖的部分。」她說，在讀這本書之前，「我飽受『取悅他人』這種疾病所苦。我是他人需要、欲求與渴望的奴隸。當我極度想說『不』的時候，我還是會說『是』。」她說，她的突破來自於認知到「我想要人們喜歡我的意圖，正是造成所有這些要求的原因……那真是個令我豁然開朗的『啊哈！』時刻啊！當我將我的意圖改變成做我想做的事、做我覺得值得我付出的事，結果就自然改變了。」[5]

　　歐普拉說，從那時候開始，她就替自己立下做法，要問所有來到她節目的受訪嘉賓：「你的意圖是什麼？」她希望能確認她體認到這一點，並由這一點導引她對他們提出的問題。對很多

人來說，這很可能是第一次被問到這個問題，而他們也會因爲被迫去思考這個問題而受益。現在，歐普拉對著受她影響所及的全世界問這個問題，因爲她藉由自己的經驗知道，這個簡單的提問能產生重大影響。用她的話來說是：「問對問題，答案自然會出現。」

有些人已經養成提出重大問題的習慣，有些人沒有，但本章要傳達的訊息是，所有人都可以超越現在的自己，去問更重大的問題。當你更敏銳地意識到提問這件事、更擅長於提問這件事，就能得到豐厚回報；這讓你能正面迎擊最重要的難題。

有些重大問題和你自己的人生目標相關。你不會希望自己成爲伊藤穰一口中的那種人：「努力不懈在某一條路上努力，但忽然之間，當他們有時間停下來、有所感的時候，才發現自己走上了錯誤的道路。」他說，若要避免這種事，「我認爲，重點是要不斷確認你是不是眞的在做對你來說很重要的事。」有些進階的提問力量，讓你能更正面迎擊更廣大世界裡的難題。

理想中，當你過著不僅在乎最佳答案、同時也更著重問對問題的人生時，將能結合兩者。就像瑞絲・費南狄絲－魯伊斯說的：「驅使我的那個問題這些年不斷進化。過去的問題是有限且有時間性的，比方說，『要讓五百名技藝工作者脫貧』，這很好。但我發現有限且有時間性的目標應該是里程碑，而不是我存在的理由。強而有力的問題應該是長期的、持續的，而且強大到足以撐過並超越挫折、延遲、痛苦、失望與挫敗。」

你該如何自我要求？

人自問的問題，至少能開始照亮這個世界，

而且會成為人們理解他人經驗的鑰匙。

——美國作家詹姆斯·鮑德溫（James Baldwin）

如今我相信，導引每個人一生的都是一些根本核心問題，我們有沒有察覺到這些問題並不重要。這些是在我們內心最深處的問題，當我們努力成為最好的自己時，就會去問這些問題。當我和任何亟欲更深入了解自身動機的人對話時，曾多次聽到這類問題。願意花時間釐清自身目標的人，通常都會把問題去蕪存菁，濃縮成一句動人的座右銘或是闡明自身意圖的宣言。

有些人比較有想像力，表達得比別人更好。我一向喜歡作家羅勃·傅剛（Robert Fulghum）講的故事，他去希臘克里特島（Crete）參加一場為期兩星期的文化研討會，主辦人是亞歷山卓斯·帕帕德洛斯（Alexandros Papaderos）；歷經二次大戰的浩劫之後，帕帕德洛斯付出大量心力，為希臘重新和德國建立起正

面關係。傅剛深受啟發，在最後一場研討會結束時主辦者問到
「請問還有任何問題嗎？」時，他很理所當然地問道：「帕帕
德洛斯博士，請問人生的意義是什麼？」聽到這個很多人認為老
套且根本回答不了的問題，帕帕德洛斯沒有笑，他知道答案，至
少是對他自己而言的答案。他盯著傅剛的臉龐、確認對方是真心
問這個問題之後，他掏出皮夾，拿出放在皮夾裡面的一面小鏡
子，然後沉靜地說起這面鏡子的意義：

　　我小的時候還在大戰期間，我們很窮，住在偏遠的山村裡。
有一天，我在路上撿到一面破掉的鏡子。原來是有一輛德國摩托
車在這裡被撞壞了。

　　我試著找齊鏡子所有的碎片然後拼回去，但根本沒辦法，因
此我僅留下最大的一片……我開始把這當成玩具來玩，我著迷
了，因為我可以把光線反射到太陽照不到的黑暗之處，比方說很
深的洞穴和裂隙，以及幽暗的櫥櫃與牆後。把光線引到我能找到
最不可及的地方，變成我的遊戲。

　　……當我長大成人，我開始了解這不只是小孩的遊戲，而是
一種比喻，指向我該用我的人生去做的事。我了解我並不是光線
或光線的來源，但光線——真相、理解與知識的光線——一直都
在，如果我能反射出去，這道光將會照亮很多黑暗之處。

　　我是一面鏡子中的一片，我不知道這面鏡子的整體設計與形
狀是怎麼樣，但我能憑藉我所擁有的去反射光線，進入這個世界
的黑暗深淵，照亮人心最沉鬱的角落，讓一些人得以改變。可能

也有別人和我有相同的看法和做法，而這就是我這個人，這就是我的生命意義。

心懷這樣的使命感，讓帕帕德洛斯創造出能發揮真實影響力的人生。每天，這份使命感都會引發一個問題：**今天我會找到哪一個需要光照的陰暗之處，我又要如何想辦法把光反射過去**？這帶領他得出一個重大的答案，指向他應該加入克里特愛任紐主教（Bishop Irineos）的行列，打造出充滿活力的學院，專門研究如何協調性靈，而這也就是傅剛來參加大型研討會的地方。這份使命也引導他在日常生活中得出一些小答案，比方說，他在那個當下選擇對傅剛說出他的故事。[1]

我認為，人如果能很早就找到並闡明帶動人生探索之旅的導引問題，是一件好事。賈伯斯就享受到其中的好處，二〇〇五年時他曾對史丹佛大學的畢業生說到：「我十七歲時讀到一句名言，大致是這樣說的：『如果你把每一天都當作人生最後一天來過，有一天你一定會是對的。』這句話讓我印象深刻，自此之後，過去三十三年來，我每天都對著鏡子裡的自己說：『如果今天是我人生的最後一天，那我還會去做我要做的事嗎？』只要『否』這個答案連續出現太多天，我就知道我需要改變了。」

利奧・迪夫告訴我：「就我而言，我很早、很早就明白我需要快樂，因為我永不知足。每次我做了什麼，就會想要再試試看能不能再超越界線，能不能再推進。我能不能再多推一點點，能不能做到更大的格局，超越我到今天為止的局面？這是我內心奉

行的座右銘。」

思潘絲公司的創辦人兼執行長莎拉‧布蕾克莉說，在她的成長過程中，她父親經常會在晚餐時問一個問題：「妳這個星期有沒有做什麼事情失敗了？」她說，父親鼓勵她和兄弟多冒險，對他們來說是一份「禮物」，因為這讓她明白失敗不以結果論，反之，「失敗是不去嘗試。」（同樣的，蒂芬妮‧沙蘭也總記得並感謝她的父親告誡她：「如果妳不戰戰兢兢冒險過生活，那就代表妳太鬆散、占掉太多資源了。」）我之前提過，布蕾克莉做的事也把她父親提的這個問題傳達給每一個在思潘絲公司工作的員工。「這確實讓我能更自由地去嘗試，」她說，「並展開雙翼翱翔人生。」

很多人則是忽然之間領悟到自己被錯誤的問題所牽引，之後才找到正確的問題導引日常行動。嘉信集團的執行長瓦爾特‧貝廷格對我說了一件他大學時候的事。當時他已經決心要在商業世界闖出成就，堅定地把重點放在要精通管理課程中所提的架構與準則並拿到高分。大三時，他甚至把修課時數加倍，規劃要提早畢業，而且，即便如此他仍科科成績優異。但最後一門課的最後一次考試讓他優異的平均成績化為烏有。這是一門談策略的課，一週有兩個晚上要上課，六點到十點在商學系某個平淡無奇的教室開講。在那個學期的十個星期裡，幾乎每一堂課後學生都會留下來，在那棟大樓裡找個地方聚在一起，為之後的課程討論與考試預做準備。

期末考時，教授走進教室，發下一張空白考卷給每個人。他

說：「我已經把所有各位需要知道的企業策略都教完了，讓你們可以在商業世界有個開始。但是，有更多因素會決定各位的成敗。」他要學生在空白考卷上寫下姓名，然後請他們回答一個問題：「誰負責打掃這棟大樓？她叫什麼名字？」這讓少年貝廷格瞪大了眼。他大概可以畫出她的樣子，因為她經常來教室裡清空垃圾桶，他要去自動販買機買東西時也會在走廊遇見她。然而，他們有交談過嗎？

答案揭曉，她叫多蒂（Dottie），但他是在期末考被當掉之後才找到答案。而到最後，這是那門課最讓人永誌不忘的心得。貝廷格說，他覺得特別羞愧，因為他「來自其中一個多蒂之家」，他應該要有老師想測出的那種價值觀。回顧自此之後的漫長事業生涯，他發現，他的成就有很大一部分都要歸功於他修正自己的理解，重新去思考充滿企圖心的經理人應該自問什麼樣的問題；那個問題不是：我要如何才能成為最聰明的策略專家？比較會是：我的組織要仰仗哪些人才能成功，他們需要什麼才能在工作上表現卓越？

我在自序中提到二〇一四年時我心臟病發，我自己的覺醒鐘聲便是在這之後響起。現在回過頭去看，在那之前有好幾個月我承受太多事，才會引發那次危機；從心理上來說，工作量太大，但在情緒面與生理面上也同樣不輕鬆（每個月平均有兩到三次跨洲的長途旅行）。我怎麼會讓事態發展到這個地步？之後我才明白，那是因為我早年任由錯誤的問題主掌我的人生，五十年來從沒有冷靜思考、好好檢視。我想，我並不是唯一靠這種自動導

航模式過日子的人，因為人生的根本核心問題通常都出自於小時候就已經養成的習慣。

在很多人的成長過程中，父母或近親是嚴苛且難測的心理折磨來源，就算這些人很少訴諸身體暴力也沒有太大差別。我們常會看見，在這種環境下長大的孩子善於判讀別人的心情變化，以讓人分心的事物製造干擾與減緩他人的痛苦。那麼，也難怪，我的人生根本核心問題（這是一個隱性且強大的問題，我用此衡量自己的價值）一開始是：**我要怎樣才能讓父親開心**？我甚至沒有明確體認到這個問題存在；我長大成人之後，這又演變成更一般性而且無處不在的問題：**我要怎樣才能讓身邊的每個人開心**？

讓每個人開心是一項很荒謬的自我要求，我同意，而且，隨著這些年來要承擔的責任與人際關係愈來愈多，這只會帶來更多壓力而已。若要做點什麼來解決這個問題，就必須知道這些根本核心問題的存在，然後想辦法用比較好的問題來取代錯的問題。治療顧問梅若李・亞當斯就說了：「學會問對的問題，就好比學著破解變革的密碼。」現在的我已經做到了（很多人都幫了我，我銘感五內），我正在擺脫讓人憂懼的負擔。如今我的人生仰賴的根本核心問題是：**我現在如何能讓這個人的人生出現正面的改變**？這聽起來好像只是稍微修正而已，卻有了空間可以容下「艱難的愛」：當下會讓對方生氣，但期望到最後能創造出正向改變。這敦促我能達到某一種善，但我又不用負責讓他人開心。

你我的根本核心問題並不是無可撼動的，問題也會隨著時間不斷變化，因為變動的環境會帶來不同的可能性。我問過南丹・

奈里坎尼，他心裡有沒有惦記著某個問題並以此導引他的決策。他坦白說了以下這段話，作爲答案的引言：「如果以商業成就等等來看，我這一生是很幸運的。」當然，他暗指的是他創辦了印孚瑟斯軟體公司，這家全球性資訊科技公司目前市值超過三百四十億美元。對他而言的正確問題也隨之改變：「基於我獨有的地位與能力，我能做什麼事，以便對最多人發揮最好的影響力？」心懷這個根本新問題，讓他成爲掃除文盲的一股主力；當印度總理要求他領導倡議活動、讓每位印度公民都能有官方核發的身分證明時，他也一口允成。[2]

你知道自己的根本核心問題是什麼嗎？你怎麼知道是不是該修正了呢？如果你想到另一個更好的根本核心問題，你能體認到嗎？本書的核心，是主張更好的問題在某些環境條件下（包括在工作上或生活中）很有可能自動出現，因此，不斷提醒自己要承認錯誤並擁抱多出點錯，刺激自己踏入某種程度上比較讓人不安的環境，並強迫自己更常在安靜的狀態下自我反省。讓自己沉浸在不那麼確定自己是對的、不那麼舒適自在或是不一定要開口講話的情境下，問題自然會多很多。

有趣的是，這三個條件實際上決定了我的業餘攝影嗜好；年輕時我利用攝影來捕捉各種事件，偶爾還賺點錢，現在我則發現這在意外之下讓我受益無窮。有目的、聚焦的攝影活動，不僅營造出讓觸發性問題能浮上檯面的條件，而且，這本來就是一種提問形式。我在爲本書做研究時，其中一段最讓人深思的對話就是我和馬可斯・里昂（Marcus Lyon）的對談。他很早就成爲知名

的人物攝影師，捕捉深具啟發性的人物影像，從南美街頭的孩子到英國皇室以及各國總理，一一入鏡，近年來，他也利用自己的巧手創作拼貼，探索都市化與大規模移民等議題。用他的話來說，他以大型版面來呈現全球化如何在現代世界發生作用，想要藉此「激發出相關問題，針對現代社會最重大的變化提問」。

里昂先前寫的一本書是《我們是巴西人》（ *Somos Brasil* ），探討二十一世紀初巴西人身分認同的多元性。他在動人的人物照裡加入了以照片啟動、以應用程式為基礎的聲景（ soundscape ）⑥，也附上實際、個別的 DNA 圖譜，來訴說超過百位傑出巴西人的故事。瑪麗亞・達・潘哈・麥雅・費南德茲（ Maria da Penha Maia Fernandes ）是一個動人的範例，里昂這樣描述她：

在瑪麗亞的名字還沒套在法條上之前，女性在自家被毆並遭受死亡威脅，卻不知道自己就是犯罪受害者。家庭與鄰里的沉默，指向這是殘酷的現實生活。第一一三四〇條法律（亦被稱為瑪麗亞・達・潘哈法）通過後過了十年，恐懼、痛苦與不公的氣氛或許只改變了一點點，但如今的千百萬女性有了這條法律和她們站在一起，有機會過新人生。得到法律賦予的權力之後，很多人也得到了勇氣和動機去向警察舉報她們暴力的丈夫、伴侶

NOTES

⑥　譯注：由「聲音」和「風景」組合而成的新詞，指背景環境的聲音。

和男友。現在，學校、研討會、公衛系統以及政府部門都在討論婦女受暴問題了。

　　這位生物藥學專家瑪麗亞・達・潘哈・麥雅・費南德茲如今已年過七十，她的身體與靈魂都仍帶著家暴的傷痕。她的前夫是一位哥倫比亞籍的學校老師，名叫馬可・安東尼歐・埃雷迪亞・畢貝洛（Marco Antonio Heredia Viveros），曾兩次企圖殺害她，第一次是從後方槍殺她，導致她下身癱瘓，第二次則是電擊她。她活了下來，從那時起，她花了二十年的時間讓他入獄，以及爭取受虐與被忽視者的權利。她希望讓更多女性相信一個少有暴力的社會有可能存在，也希望讓更多人投身於達成這個目標。里昂告訴我，每當他在拍攝任何一位傑出的主角時，他都覺得自己有責任要建構強健的連結，以求能把他們的故事說得更好。「如果你問出對的問題打開話題，」他發現，「你拍攝的人就會把全副身心投注在當下，你也能記錄到更強而有力的內容。」

　　我在第六章一開始時就提到我的朋友山姆・阿貝爾，並說到他對我的影響到頭來遠遠超過提升我的攝影技巧。從某方面來說，在這之前我已經感受到我的職業和業餘嗜好交錯在一起了。身為阿貝爾的學生，我深入思考，想著要如何把攝影連上得出更好的問題。我們之後又一起教一門課，透過麻省理工學院高階主管學程和聖塔菲攝影作坊合作「領導與鏡頭：重新建構問題以找到洞見並展現影響力」（Leadership and the Lens: Reframing the Question to Unlock Insight and Impact）。攝影裡隨時充滿著各種可

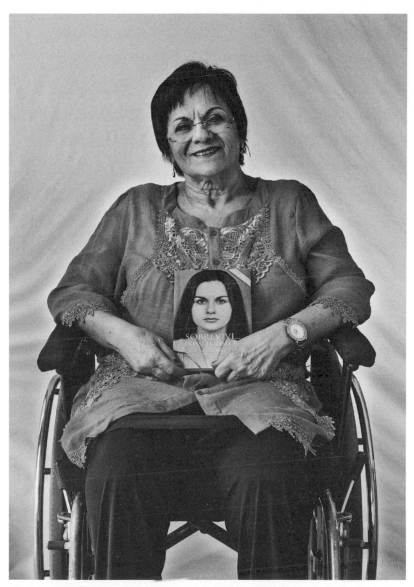

圖 10-1 瑪麗亞‧達‧潘哈‧麥雅‧費南德茲是《我是巴西人》裡的其中一位人物。攝影師：馬可斯‧里昂。

用來比喻的機會，比方說，這裡很容易去傳遞聚焦、建構或景深等概念。但，除了比喻之外，學會「構圖與等待」代表刻意決定多花點時間處在比較安靜的狀態，去感受多一點的不自在，並接受你可能錯了。這直接有利於建構更佳問題的目標。

我從貝爾身上學到很多，現在我從不同的角度看照片，讓照片用內容來挑戰我的基本假設。我最近整理一個專案讓他評論，我把這專案稱為「思忖、明窗、高牆」（Wonder Windows Walls）；這個專案試圖透過照片影像，追蹤關係從健康的狀態發展到不健康、然後再回到健康狀態的過程。我特別鍾愛其中一幅照片。讀過傅剛的人生意義故事之後，我一直希望能親自拜訪

圖 10-2 在海平面上，你可以瞥見克里特正教學院就在地中海邊緣，亞歷山卓斯‧帕帕德洛斯就在這裡提出了讓人深思的答案，回答羅勃‧傅剛所提的簡單問題：「人生的意義是什麼？」

帕帕德洛斯在克里特正教學院（Orthodox Academy of Crete）創辦的寧靜學院。住在阿布達比時，我和我太太有機會於二〇一〇年九月一償夙願。我們入住的主人家，是參與過反德國運動（German resistance）的克里特人後代。他們分享老照片，講述祖先的英勇行為以及他們遭受的痛苦。他們帶領我們參觀歷史遺跡，那裡發生過很多悲劇，包括全村被屠殺。

在一個充滿豐富、自然之美與熱心殷勤人民的小島上，包圍著我們的是歷史的沉重。有一天我在哈尼亞城（Chania）閒逛，積極尋找新的畫面要納入我的專案，我走過一扇重漆多次的老舊金屬門，馬上被門上一個大小如鉛筆一般的孔洞吸引住了，

圖 10-3 美國民俗學家兼作家卓拉‧尼爾‧赫斯特（Zora Neale Hurston）觀察到一件事：「問問題要花好幾年，回答問題也是。」當時我根本不知道，克里特島上這扇門會用它多面向的力量提供一個選擇，（在數年後）改變了我的人生軌道。攝影師：蘇西‧李（Suzi Lee）。

我看到旁邊有兩個生鏽的鎖。這讓我想起攝影師安妮・歐洛芙森（Anneè Olofsson）在《這就是我和你》（*This Is Who I Am Me and You*）攝影展中一些虐人心情、讓人揮之不去的人像。我從門孔的黝黑判斷，門內並無光線。在此同時，門外充滿生氣的蔚藍與濃重金紅色的鐵鏽映入我的雙眼，一如讓人目眩的地中海陽光，即便我站在小巷的陰影中亦逃避不了。我覺得彷彿有個大磁鐵拉著我，讓我一直靠向這扇門與門孔，我從每個角度都拍了照片。最後一張最震懾人心，現在還掛在我們家的玄關。

前幾年，我的好友兼專業上的同事布朗溫・富萊爾（Bronwyn Fryer）來我們位在波士頓北岸的家看我。布朗溫、我以及我太太蘇西（Suzi）暢談我們的人生、我們的過去以及我們的根本核心問題。我拿出一份我寫給自己的文件，列出我準備放棄寫作本書的理由。當時的人生一波未平、一波又起，讓我到了精疲力竭的地步。我承認，雖然理性上我已經扭轉我的根本核心問題，從要做個濫好人轉變為要做個好人，但感情上我常常偏離新核心問題，頻率高到我都不想承認了。我、布朗溫以及蘇西圍著火爐進行了一場艱難但極具啟發性的對話，談的就是這些。

我們聊完後要下樓時，經過我在哈尼亞城拍的這張照片，在那個當下，這幅照片對我來說有了全新的意義。遮住我眼睛的情緒鱗片終於脫落。我體會到我向來都以待在門後的心情來看這張照片，沉浸在黑暗當中，看著那個光點。但，生活、命運以及和朋友及明師之間無窮無盡的對話，讓我敞開心扉、讓我活在門外的世界。此時此刻，我看到我可以珍惜、品味、欣賞並吸取這扇

圖 10-4　這是個光亮的深孔，也可以是一個黑暗的深孔，端看你從什麼角度來看。

門外表的深沉、複雜之美，不用被拉進門孔後的黑暗。我給自己套上的枷鎖就這樣掉了；雖然沒辦法做到一勞永逸，但是擺脫的次數顯然比過去更多。

當時、以及現在我明白了一件事，那就是我可以選擇我要用什麼問題來過我的人生。這些問題是能為我（以及我身旁的人）的人生引進光線，還是在我的身邊帶來陰鬱（就像《小熊維尼》〔 *Winnie-the-Pooh* 〕裡驢子屹耳〔 Eeyore 〕頭上的烏雲一樣），都由我決定。

本書一開始時，我提到作者只有在能找到有益於許多讀者的重要事實時才應出書，但是，也有很多理由可讓人寫出一本值得深思的書。我希望，你能在本書裡得到啟發，成為更好的提問者，並從我會見的許多深富創意的解決問題專家身上獲得實用的建議。若是這樣，我會覺得我已經將新的光反射映入你的人生。至於我自己，我在寫作的過程中發現很多事，遠勝過當初的預期。我得到很多答案，同樣的，我也得到更多問題，而這讓一切大不相同。

有時我們自己的燈熄了，

需要別人幫我們重新點上。

每一個人都有理由常常想起，

並深深感謝重新點燃我們生命之光的人。

——史懷哲（Albert Schweitzer）

要培養出提問能力需要一整個社群，在我的生命中，我有幸擁有這樣的社群。誰對我的提問能力影響最大？誰形塑了分享本書訊息的機會？多年來，有很多人走上前來回答這些問題（對此我感激不已），以下的感謝名單根本說不盡。

我要感謝超過兩百位人士撥冗和我對談，說明他們生命中的提問力量。當我面對千百萬字訴說深刻人生故事的錄音檔文字稿，靜下心來試著了解是什麼力量讓人們提出觸發性的問題時，每一個故事對我來說都是啟發。我希望可以重點提一提每個故事，但是書本字數有限，不可能做到這樣。在編輯過程中，很多和問題的驚人力量相關的智慧與洞見成為遺珠，但願之後能以其他形式和各位分享。

感謝過去這三十年來十所大學的幾千位大學生（加州州立

大學富勒頓學院〔Fullerton〕、聖地牙哥州立大學、賓州州立大學比蘭德學院〔Behrend〕、圖爾庫經濟學院〔Turku School of Economics〕、達特茅茲學院〔Dartmouth College〕、楊百翰大學〔Brigham Young University〕、前身爲赫爾辛基經濟學院〔Helsinki School of Economics〕的阿爾托大學商學院〔Aalto University School of Business〕、倫敦商學院〔London Business School〕、歐洲工商管理學院以及麻省理工學院），也感謝全世界成千上萬的作坊領導者，他們以坦誠開放的眼光探索提問的領域，給了我啟示和力量。

感謝史都華‧布萊克（Stewart Black）、傑夫‧戴爾、馬克‧孟丹赫爾（Mark Mendenhall）、艾倫‧莫里森（Allen Morrison）和蓋瑞‧歐度（Gary Oddou），謝謝各位三十年來齊心協力從事意義重大的研究工作，探討領導者如何鍛鍊提問肌肉以破解全球化、轉型和創新的密碼。

感謝麻省理工學院領導力中心的各位同事：黛博拉‧安柯娜（Deborah Ancona）、艾比‧貝倫森（Abby Berenson）、艾瑪‧卡德威（Emma Caldwell）、崔西‧普林頓（Tracy Purinton）以及尼爾森‧瑞朋寧（Nelson Repenning），謝謝各位幫助我建構出新問題，以迎向二十一世紀以及未來的挑戰導向領導。感謝麻省理工史隆管理學院（MIT Sloan School of Management）的艾米利歐‧卡斯提拉（Emilio Castilla）、傑克‧柯恩（Jake Cohen）、柯薩里（S. P. Kothari）、瑞伊‧雷根斯（Ray Regans）、大衛‧舒密萊恩（David Schmittlein）和艾茲拉‧祖克曼（Ezra Zuckerman），謝謝各位鋪出一條資源豐富的大道，讓這份研究得以見光。感謝

伊藤穰一，他以真知灼見看待麻省理工媒體實驗室內的工作，並全心投入讓深富創意、有建設性的提問充滿生氣，在麻省理工以及其他地方蓬勃發展。感謝喬絲琳・布爾（Jocelyn Bull）、維吉妮雅・蓋格（Virginia Geiger）、傑克・麥高卓克（Jacky McGoldrick）和艾瑞卡・包樂蒂（Erika Paoletti），謝謝各位不眠不休努力讓列車維持在正軌上，嘉惠我這個注意力不足又過動、喜歡迂迴轉進的教職員。

感謝最出色的研究助理團隊，他們都有著敏銳的心智、偉大的問題，講到完成任務時，他們展現的嚴正紀律遠遠超過我本身：伊麗莎・拉洛維勒（Eliza LaRovere）、克里斯・賓漢（Chris Bingham）、梅莉莎・休絲・坎貝爾（Melissa Humes Campbell）、布魯斯・卡登（Bruce Cardon）、傑瑞德・克里斯汀生（Jared Christensen）、珍妮卡・狄龍（Janika Dillon）、班恩・布爾克（Ben Foulk）、諾倫・高德佛瑞（Nolan Godfrey）、馬克・漢柏林（Mark Hamberlin）、史班賽・哈里森（Spencer Harrison）、茱莉・海特（Julie Hite）、瑪西・賀洛曼（Marcie Holloman）、羅伯・詹森（Robert Jensen）、克林・衛爾斯・克瑞伯斯（Kirin Wells Krebs）、克瑞斯婷・奈特（Kristen Knight）、陶德・麥因泰（Todd McIntyre）、珍奈・鮑嘉（Jayne Pauga）、史班賽・暉爾萊特（Spencer Wheelright）、亞力士・羅內（Alex Romney）、傑克・施洛德（Jake Schroeder）、麥可・夏普（Michael Sharp）、瑪莉詠・舒衛（Marion Shumway）和蘿拉・荷斯黛・史丹沃斯（Laura Holmstead Stanworth）。

感謝歐洲工商管理學院前同事吉莉安・聖・利格（Gillian St. Leger）和拉蒂亞・呂西－貝格（Raddiya Lüssi-Begg），她們兩位深具創意地為非洲的十三號工作室和漢斯普林木偶公司打開大門。吉莉安和拉蒂亞對於打造更美好世界的承諾毫不妥協，也激發我去因應在這個地區很重要的問題。

感謝《哈佛商業評論》（Harvard Business Review）的眾編輯：艾美・伯恩斯坦（Amy Bernstein）、現已轉任《史隆管理評論》（Sloan Management Review）的麗莎・布瑞爾（Lisa Burrell）、莎拉・格林・卡麥克（Sarah Green Carmichael）、莎拉・克里芙（Sarah Cliffe）、蘇珊・唐納文（Susan Donovan）、阿迪・依格納提斯（Adi Ignatius）和梅琳達・梅瑞諾（Melinda Merino），謝謝他們看到概念中的光，並讓這些概念聚焦變得更耀眼。

感謝世界經濟論壇成千上萬的與會人士與籌辦單位，尤其是傑若米・由金斯（Jeremy Jurgens）、希薇亞・馮・古騰（Sylvia Von Gunten）和安卓雅・王（Andrea Wong），感謝他們營造出對話空間，讓眾人能提出並回答和全球重大挑戰相關的觸發性問題。

感謝瓦爾特・貝廷格、強納森・克瑞格和嘉信理財的其他同仁，他們凸顯了問題的重要力量可以在任何決策中發揮作用。感謝吉爾・佛勒（Gil Forer）、麥克・印瑟拉、約翰・魯戴斯基（John Rudalzsky）、鄔席・許瑞柏（Uschi Schreiber）、馬克・溫伯格以及安永的其他同仁，謝謝各位付出的每一份心力，提出更好的問題以打造更美好的世界。謝謝馬克・貝尼奧夫、賽門・

穆卡伊以及 Salesforce 公司「引爆團隊」全體成員，謝謝他們在追尋之旅中認真看待問題，打造一個讓所有人都能擁有更多機會且更平等的未來。

感謝舒恩・比契勒（Schon Beechler）十五年前提出追究深探的問題，重新導引了我的意圖。她的勇氣、仁心以及知足，依然是正面能量的泉源。

感謝大衛・布理謝斯久而彌堅的友誼，不斷敦促我將我的問題與提問能力推至極限，同時也感謝他在二〇一五年聖母峰基地營與昆布冰瀑探險中展現的領導能力。感謝雪巴人安・佛拉和又稱瓊巴（Chhongba）的瓊努里（Chhongnuri），謝謝他們在探險中明智又專業的導引，也感謝雪巴人畢許努（Bishnu）和姜布（Jangbu）的膽識和力量。

感謝馬克・魏德莫，是他不斷提醒我，人生不一定要活在四面牆內，還有，最好的問題有時來自最非比尋常的環境，比方說從高一百一十英尺的天然岩石拱門中心垂降。

感謝羅伯・霍爾（Rob Hall）、麥可・豪利和瑞奇・瓦拉德茲（Ricky Valadez）協助我，讓我得以理解音樂以及其他形式的藝術如何在不發一語之下問出最偉大的問題。

感謝羅傑・勒曼（Roger Lehman），他精於提問之道，是一位高階主管教練、治療師、同事兼好友。他的問題常常探問到人生最柔軟的部分，但，一開始的疼痛到頭來療癒了渴求照護卻不為人注意的情緒傷口。

感謝賀博之，他一直是「所見即所得」的領導者，在乎每

一個人的幸福，尤其關注最不受重視、卻是任何作為成敗之關鍵的那些人。他對所有人的感謝，支持他以坦誠探問的態度面對人生的每一個面向。

感謝索拉雅‧莎爾蒂，是她為千百萬阿拉伯青年的人生創造出深刻又正向的不同格局，而且用生命去回答「下一個新領域是什麼？」以及「我們現在可以做什麼？」等問題。她短暫的人生親自證明了問題蘊藏的力量（我要請各位幫助她完成遺願，贊助在歐洲工商管理學院設立的索拉雅‧莎爾蒂社會影響力獎學金〔Soraya Salti Social Impact Scholarship Fund〕）。

感謝哈潑柯林斯出版社（HarperCollins）的何莉絲‧辛波（Hollis Heimbouch），她熱愛問題，早在看到概念躍然紙上之前，她就深信概念的力量，她也踏出了極有創意的一大步，在本書中採用這些照片，這樣的編輯手法對我來說意義深重。感謝哈潑柯林斯出版社的蕾貝卡‧拉斯金（Rebecca Raskin），她堅守紀律，在每一步都能整合無數的細節，她也讓所有人都把眼光聚焦在終點線上。感謝瑞秋‧艾琳思凱（Rachel Elinsky）和潘妮‧馬克拉斯（Penny Makras），她們用動人的方式形塑概念並與這個世界分享。

感謝艾德‧卡特莫爾，早在我認識他之前就已經是提問領航者，在過去幾年我們更了解彼此的這段時間裡，他又更加強大了。他幾乎在所有風暴當中仍能冷靜莊重，這就營造出了空間，容許提出並解決棘手的問題、與再度解決棘手的難題；他在本書的推薦序裡明確且清晰傳達了這套他用在工作上和生活上的方

法，對此我萬分感激。感謝溫蒂・唐希洛（Wendy Tanzillo），身為艾德行政助理的她，在工作上親切、專業且是眾人的明燈。同時也要感謝賈瑞德・布希、安德魯・戈登、馬克・葛林柏（Marc Greenberg）、唐・赫爾（Don Hall）、傑克・哈托利（Jack Hattori）、拜倫・豪爾、韋夫・強森（Wave Johnson）、安・勒・康、安德魯・米爾斯坦（Andrew Millstein）、吉姆・莫里斯、蓋多・克隆尼、丹妮絲・瑞姆（Denise Ream）、強納斯・里維拉（Jonas Rivera）、凱瑟琳・薩拉芬、丹恩・斯坎倫（Dan Scanlon）、克拉克・史班賽（Clark Spencer）和克里斯・威廉斯（Chris Williams），他們分享了許多犀利見解，暢談皮克斯與迪士尼動畫公司內部的運作。

感謝摯友丹尼與蘇珊・史頓（Danny and Susan Stern）夫婦，他們在幾次人生風暴中都成為讓我定心的錨，也各自運用他們的經紀與公關角色滋養了本書的核心概念。感謝史黛芬妮・哈克曼（Stephanie Heckman）和奈德・瓦德（Ned Ward），有了他們不離不棄、犀利透徹的支持，觸發性問題才得以成為一個值得思考的構想。感謝史頓策略集團（Stern Strategy Group）的其他同仁，尤其是凱蒂・巴洛（Katie Balogh）、梅爾・布萊克（Mel Blake）、賈斯汀・吉安尼諾托（Justin Gianninoto）、惠特妮・詹寧絲（Whitney Jennings）、克瑞斯婷・任均・卡普（Kristen Soehngen Karp）、丹恩・馬希（Dan Masi）和安妮亞・茲耶皮祖（Ania Trzepizur），必要時，他們可以移山倒海，讓一切順利進行。

感謝山姆・阿貝爾，幾年前他指導我時問了第一個問題：

「我要怎麼樣才能在照片裡找到更多**你**？」從此一手扭轉了我的攝影手法。他讓我重新思考身為攝影師、作者與旅居者的我為什麼會這麼做或那麼做。而回過頭來，我也要感謝聖塔菲攝影作坊的創辦人兼主任瑞德‧哈倫南（Reid Callanan），他問了一個問題：「誰是最適合搭配的人選，可以實踐海爾說的結合提問與攝影概念？」他的答案是介紹我認識山姆。這又要提到艾爾登‧郝勒特（Elden Howlett）了，謝謝他在一九七〇年代多推了幾步，在我年少時拍攝的婚禮與人像攝影作品中培養出提問之藝，而且他從不求回報。他的鼓勵是一份大禮，讓我以及其他現在已經成熟（或者至少是年齡上已經變老）的年輕人持續受惠。

感謝奇妙工作顧問公司（WonderWorks）的創辦人克瑞斯婷‧柯拉科瓦斯基（Kristen Kolakowski）和麥特‧賓奈（Matt Beane），他們冒了一天的風險，在劍橋古玩市場（Cambridge Antique Market）和我們（具體來說是蘇西）一起創辦「不破菸灰缸研究會」（Fellowship of the Unbroken Ashtray），在那裡，我們努力放下某些生命中最困難的問題。

感謝邦納和露易絲‧瑞契（Bonner and Lois Ritchie）夫婦，他們非常關心我這個地球性靈旅人的價值和福祉，這一路上，他們在關鍵時刻也不斷提出鼓舞人心的問題。

感謝莎莉‧巴洛一再以各種不同形式問我：「你的立足點在哪裡？」她能看透過去以看到未來，這份專業讓我能穩穩立足於更生氣盎然的當下。

感謝我的同事兼摯友克雷頓‧克里斯汀生，二十七年前他和

我進行了一場安靜的對話，談問題中蘊藏的動人力量，我希望我們這股力量能持續一生，然後超越此生。我離開他的辦公室或家中時總是揣著新問題、建構出新的追尋，並不斷地對他的根本核心問題（「我要怎麼幫忙？」）表達感激之情；這個問題可以說是最明智的衡量人生指標。我也要感謝艾蜜莉·斯奈德（Emily Snyder）、布瑞塔妮·麥克雷蒂（Brittany McCready）和克里夫·麥斯威爾（Cliff Maxwell），感謝他們為了克里斯汀生的核心概念而展現出來的堅定樂觀以及所有背後付出的努力。

感謝茱莉亞·柯比（Julia Kirby），她是全世界最出色的作家之一。從開始到結束，我都非常欣賞她的資歷（她在《哈佛商業評論》與哈佛大學出版社〔Harvard University Press〕任職近二十年）、洞見、樂觀、務實、機智，還有，最重要的，她熱愛形塑構想並以優雅的智慧和眾人分享。我們一起研究訪談文字稿，從不同角度進行分析，並踏上探索之旅追尋我自己的人生問題來建構一本書，若沒有她的辛勤、智慧和文字天賦，這本書將永不見天日。早先我請茱莉亞成為我的共同作者，在之後的寫作過程又再提過，但每一次她都慨然婉謝，只答應我會為了構想而形塑構想，不願意讓自我涉入。說到底，她是一位了不起的員工，善於整合概念並帶著信心去傳達這些概念。

感謝我的母親早年在偏遠的阿留申群島（Aleutian Islands）和瑞典偏鄉過著冒險生活，將一股想要了解世界的濃濃好奇心灌注到我們行動房屋裡的每一個角落，後來也帶入我們家沒有了輪子的房子裡。感謝我的父親，他在任何和機械有關的事物上總有

無盡的創造力，他也熱愛且精通很多和音樂相關的事物。節奏仍繼續響起。感謝我的兄弟麥克斯（Max），他替我鋪好路，讓我敢於提出讓人不安的問題；感謝我的姊妹蘇珊（Susan），她營造出安全空間，讓我可以談一談有時根本無法回答的問題。

感謝我們的孩子們，他們可是一支大融合兵團：肯西（Kancie）、麥特（Matt）以及他的伴侶艾蜜莉（Emily）、艾咪麗（Emilee）以及她的伴侶威斯（Wes）、萊恩（Ryan）、寇特妮（Kourtnie）和她的伴侶蓋伊（Guy）、安珀（Amber）和她的伴侶布倫特（Brent）以及喬登（Jordon）和他的伴侶布蘭迪（Brandy），另外還要再加上孫兒輩：可可（Coco）、馬第（Maddie）、卡許（Kash）、布魯克林（Brooklyn）、史黛拉（Stella）、蘿絲（Rose）、亨利（Henry）和伊娃（Eva），他們每一個人都帶著信心跟隨自己的追尋之路，目前分別居住在全球各地，從西雅圖到奈洛比都有孩子們的蹤影。

最後要提、但也是最重要的，是我要特別感謝妻子蘇西，她用她對人生的深刻熱情讓我懂得什麼叫「活在問題當中」，永遠永遠。

| 注釋 |

CHAPTER *01* 比找到新答案更困難的是什麼？

1. 英國作家亞瑟・庫斯勒（Arthur Koestler）曾經說過：「愈原創的發明日後看來愈顯而易見，真是一大矛盾。」Arthur Koestler, *The Act of Creation* (London: Hutchinson & Co., 1964), 120.

2. 為馬斯克接受美國記者艾莉森・馮・迪戈吉倫（Alison van Diggelen）訪談時所說的話，請參見 "Transcript of Elon Musk Interview: Iron Man, Growing Up in South Africa," *Fresh Dialogues*, February 7, 2013. 存取請上 http://www.freshdialogues.com/2013/02/07/transcript-of-elon-musk-interview-with-alison-van-diggelen-iron-man-growing-up-in-south-africa/.

3. Ellen Langer, "Ask a Better Question to Get a Better Answer." 存取請上 http://www.ellenlanger.com/blog/120/ask-a-better-question-to-get-a-better-answer.

4. Kaihan Krippendorff, "4 Steps to Breakthrough Ideas," *Fast Company*, September 6, 2012. 存取請上 https://www.fastcompany.com/3001044/4-steps-breakthrough-ideas.

5. Edgar Schein, *Humble Inquiry: The Gentle Art of Asking Instead of Telling* (San Francisco: Berrett-Koehler, 2013).

6. Robert Pate and Neville Bremer, "Guiding Learning Through Skillful Questioning," *Elementary School Journal* 67 (May 1967): 417–22.

7. 強尼・艾夫在《浮華世界》（*Vanity Fair*）雜誌舉辦的新成就高峰會（New Establishment Summit）上所言，報導請見吉莉安・德安

佛洛（Jillian D'Onfro）之 "Steve Jobs Used to Ask Jony Ive the Same Question Almost Every Day," *Business Insider*, October 8, 2015. 存取請上 http://www.businessinsider.com/this-is-the-question-steve-jobs-would-ask-jony-ive-every-day-2015-10.

8.   Tina Seelig, "How Reframing a Problem Unlocks Innovation," Co.Design, May 19, 2013. 存取請上 https://www.fastcodesign.com/1672354/how-reframing-a-problem-unlocks-innovation.

9.   Amitai Etzioni, "Toward a Macrosociology," *Academy of Management Proceedings*, 27th Annual Meeting, Washington, DC (December 27–29, 1967), 12–33.

10. Clayton Christensen, Karen Dillon, Taddy Hall, and David Duncan, *Competing Against Luck: The Story of Innovation and Customer Choice* (New York: HarperBusiness, 2016).

11. Malcolm Gladwell, *Outliers: The Story of Success* (Boston: Little, Brown and Company, 2008), 18.

12. 本書的文字引自其中一位家長傑克・傅利曼（Jack Freeman），這些內容都出現在他所寫的一篇部落格貼文中，他在文章裡說明為何要參與某些募款活動。欲深入了解探索自閉症基金會的歷史與目前的活動，請見其網站：http://questnj.org/。

13. Ibrahim Senay, Dolores Albarracin, and Kenji Noguchi, "Motivating Goal-Directed Behavior Through Introspective Self-Talk: The Role of the Interrogative Form of Simple Future Tense," *Psychological Science* 21, no. 4 (April 2010): 499–504.

14. 日後我會以另一個研究案來探討這個問題。若對於執行長面對的特殊兩難局面有興趣的人，請參見 "Bursting the CEO Bubble," *Harvard Business Review*, March/April 2017.

15. 我們用上「行動者與搖撼者」一詞背後的典故，是一篇詩歌。英國詩人亞瑟・歐修尼西（Arthur O'Shaughnessy）一八七三年的詩作〈頌歌〉（Ode）裡寫道：「我們是創造音樂的人／我們是做夢的夢想家……但我們也是行動者與搖撼者／讓這個世界震顫，永永遠遠。」

16. Nelson Repenning, Don Kieffer, and James Repenning, "A New Approach to Designing Work," *Sloan Management Review*, Winter 2017.

17. 在這方面，我發現麥可・邦吉・史戴尼爾（Michael Bungay Stanier）的書《你是來帶人，不是幫部屬做事：少給建議，問對問題，運用教練式領導打造高績效團隊》（*The Coaching Habit: Say Less, Ask More & Change the Way You Lead Forever*）非常有用。這本書列出了七個具體的問題，扭轉帶人的經驗。

CHAPTER *02* 為什麼我們不多多提問？

1. Mark Lasswell, "True Colors: Tim Rollins's Odd Life with the Kids of Survival," *New York* magazine, July 29, 1991.

2. Edwin Susskind, "The Role of Question-Asking in the Elementary School Classroom." In *The Psycho-Educational Clinic*, eds. F. Kaplan and S. B. Sarason (New Haven, CT: Yale University Press, 1969).

3. G. L. Fahey, "The Extent of Classroom Questioning Activity of High-School Pupils and the Relation of Such Activity to Other Factors of Pedagogical Significance," *Journal of Educational Psychology* 33, no. 2 (1942): 128–37. 存取請上 http://psycnet.apa.org/doiLanding?doi=10.1037%2Fh0057107 亦請見 George L. Fahey, "The Questioning Activity of

Children," *Journal of Genetic Psychology*, 60 (1942), 337–57，該文回顧和兒童提問相關的早期文獻，特別著重課堂上的發問。

4. William Floyd, "An Analysis of the Oral Questioning Activity in Selected Colorado Primary Classrooms," (unpublished doctoral thesis, Colorado State College, 1960), 6–8.

5. James T. Dillon, "Questioning in Education," a chapter essay in *Questions and Questioning*, ed. Michael Meyer (New York: Walter de Gruyter, 1988).

6. Max Wertheimer, *Productive Thinking*, Enlarged edition, ed. Michael Wertheimer (London: Tavistock, 1961), 214.

7. Philip H. Scott, "Teacher Talk and Meaning Making in Science Classrooms: A Vygotskian Analysis and Review," *Studies in Science Education* 32 (1998): 45–80.

8. A. Scott Berg, *Goldwyn: A Biography* (New York: Knopf, 1989), 376.

9. Douglas N. Walton, "Question-Asking Fallacies," a chapter essay (10) in *Questions and Questioning*, ed. Michel Meyer (New York: Walter de Gruyter, 1988), 209.

10. Liz Ryan, "What to Do When Your Manager is a Spineless Wimp," *Forbes*, June 22, 2017. 存取請上 https://www.forbes.com/sites/lizryan/2017/06/22/what-to-do-when-your-manager-is-a-spineless-wimp/#5b a86d673be9.

11. Stacey Lastoe, "The Worst Boss I Ever Had," *Muse*. 存取請上 https://www.themuse.com/advice/the-worst-boss-i-ever-had-11-true-stories-thatll-make-you-cringe.

12. Barbara Kellerman, *Bad Leadership: What It Is, How It Happens, Why*

It Matters (Boston: Harvard Business School Press, 2004), 22.

13. Damon Darlin and Matt Richtel, "Chairwoman Leaves Hewlett in Spying Furor," *New York Times*, September 23, 2006.

14. Maureen Porter and Sally MacIntyre, "What Is, Must Be Best: A Research Note on Conservative or Deferential Responses to Antenatal Care Provision," *Social Science & Medicine* 19 (1984), 1197–1200; William Samuelson and Richard Zeckhauser, "Status Quo Bias in Decision Making," *Journal of Risk and Uncertainty* 1 (1988), 7–59; M. Roca, R. Hogarth, and A. John Maule, "Ambiguity Seeking as a Result of the Status Quo Bias," Department of Economics and Business, Universitat Pompeu Fabra, Economics Working Paper 882 (2005); K. Burmeister and C. Schade, "Are Entrepreneurs' Decisions More Biased? An Experimental Investigation of the Susceptibility to Status Quo Bias," Institute of Entrepreneurial Studies and Innovation Management, Humboldt University-Berlin Working Paper (2006).

15. 內文出處："Carol Dweck Revisits the 'Growth Mindset,'" *Education Week*, September 23, 2015. 更多相關內容請見卡蘿‧杜維克的《心態致勝：全新成功心理學》。

16. Vijay Anand, "Cheat Sheet to Create a Culture of Innovation," Intuit Labs (blog), posted May 2, 2014. 存取請上 https://medium.com/intuit-labs/cheat-sheet-to-create-a-culture-of-innovation-539d53455b53.

17. Christina Pazzanese, "'I Had this Extraordinary Sense of Liberation': Nitin Nohria's Exhilarating Journey," *Harvard Gazette*, April 29, 2015. 存取請上 https://news.harvard.edu/gazette/story/ 2015/04/i-had-this-extraordinary-sense-of-liberation/.

18. "TK" [anonymous contributor], "Culturalism, Gladwell, and Airplane Crashes," Ask a Korean! (blog), posted July 11, 2013. 存取請上 http://askakorean.blogspot.com/2013/07/culturalism-gladwell-and-airplane.html.

19. Geert Hofstede, "Dimensionalizing Cultures: The Hofstede Model in Context," *Online Readings in Psychology and Culture* 2, no. 1 (January 2011): 10. 存取請上 https://doi.org/10.9707/2307-0919.1014. 霍夫斯泰德與他的同仁追蹤六大差異面向為權力距離（Power Distance）、避開不確定性（Uncertainty Avoidance）、個人主義／集體主義（Individualism/Collectivism）、男性化／女性化（Masculinity/ Femininity）、長／短期導向（Long/Short Term Orientation）以及放縱／限制（Indulgence/Restraint）。

20. Parker J. Palmer, *Let Your Life Speak: Listening for the Voice of Vocation* (New York: Jossey-Bass, 2000).

21. Neil Postman and Charles Weingartner, *Teaching as a Subversive Activity* (New York: Delacorte Press, 1969), 12.

CHAPTER *03* 如果我們一起腦力激盪來提問，那會如何？

1. 其他也支持這番結論的證據來自針對基因相同、但出生之後就分開的雙胞胎所做的研究。評估他們長大成人後的創新技能與影響力，顯然只有三分之一的人「先天」就具備提問能力，三分之二的人的提問能力則來自「後天」。家庭、學校與職場的環境因素大有影響。請特別參考 Marvin Reznikoff, George Domino, Carolyn Bridges, and Merton Honeyman, "Creative Abilities in Identical and Fraternal Twins," *Behavior Genetics* 3, no. 4 (1973): 365–77. 這項研究檢視一百一十七對同卵與異卵雙胞胎，得出的

結論是他們在創意測驗上的表現約有三成由基因決定，反之，他們在一般智力（IQ）測驗上的表現則有超過八成由先天決定。其他針對同卵雙胞胎所做的創意相關研究，也支持在創意這個面向上，後天力量勝過先天因素。請參見 K. McCartney and M. Harris, "Growing Up and Growing Apart: A Developmental Meta-Analysis of Twin Studies," *Psychological Bulletin* 107, no. 2 (1990): 226–37; F. Barron, *Artists in the Making* (New York: Seminar Press, 1972); S. G. Vandenberg, ed., *Progress in Human Behavior Genetics* (Baltimore: Johns Hopkins University Press, 1968); R. C. Nichols, "Twin Studies of Ability, Personality and Interest," *Homo* 29 (1978): 158–73; N. G. Waller, T. J. Bouchard, D. T. Lykken, A. Tellegen, and D. Blacker, "Creativity, Heritability, and Familiality: Which Word Does Not Belong?" *Psychological Inquiry* 4 (1993): 235–37; N. G. Waller, T. J. Bouchard Jr., D. T. Lykken, A. Tellegen, and D. Blacker, "Why Creativity Does Not Run in Families: A Study of Twins Reared Apart," unpublished manuscript, 1992. 欲詳知這方面研究的摘要，請見 R. K. Sawyer, *Explaining Creativity: The Science of Human Innovation*, 2nd ed. (New York: Oxford University Press, 2012).

2. James T. Dillon, *Questioning and Teaching: A Manual of Practice* (London: Croom, 1987).

3. 更詳細的版本請見 Ed Catmull, *Creativity, Inc.: Overcoming the Unseen Forces That Stand in the Way of True Inspiration* (New York: Random House, 2014).

4. Frank Furedi, "Campuses Are Breaking Apart into 'Safe Spaces,'" *Los Angeles Times*, January 5, 2017. 存取請上 http://www.latimes.com/opinion/op-ed/la-oe-furedi-safe-space-20170105-story.html.

5. Amy Edmondson, "Psychological Safety and Learning Behavior in Work Teams," *Administrative Science Quarterly* 44, no. 2 (June 1999):

350–83. 存取請上 https://doi.org/10.2307/2666999.

6. Andy Goldstein, "Oral History: C. Chapin Cutler, Conducted for the Center for the History of Electrical Engineering, May 21, 1993," Interview #160, Institute of Electrical and Electronics Engineers, Inc. 存取請上 http://ethw.org/Oral-History:C._Chapin_Cutler.

7. Charles Duhigg, "What Google Learned from Its Quest to Build the Perfect Team," *New York Times Magazine*, February 25, 2016. 存取 請 上 https://www.nytimes.com/2016/02/28/magazine/what-google-learned-from-its-quest-to-build-the-perfect-team.html.

CHAPTER *04* 誰這麼愛出錯？

1. Steve Morgan, "Cybersecurity Ventures Predicts Cybercrime Damages Will Cost the World $6 Trillion Annually by 2021," Cybersecurity Ventures, October 16, 2017. 存 取 請 上 https://cybersecurityventures.com/hackerpocalypse-cybercrime-report-2016/.

2. Meghan Rosen, "Ancient Armored Fish Revises Early History of Jaws," *ScienceNews*, October 20, 2016. 存 取 請 上 https://www.sciencenews.org/article/ancient-armored-fish-revises-early-history-jaws.

3. Anita L. Tucker and Amy C. Edmondson, "Why Hospitals Don't Learn from Failures: Organizational and Psychological Dynamics That Inhibit System Change," *California Management Review* 45, no. 2 (Winter 2003): 68.

4. 「第一天」在亞馬遜代表什麼？傑夫·貝佐斯在一九九七年的致

股東函中回答了這個問題：「要留在『第一天大樓』，我要求你們要耐心做實驗、接受失敗、播下種子、保護年輕人，在你們看到客戶開心時要加倍努力。執著於客戶的文化，最能創造出讓這一切發生的條件。」

5. 如果你為了答案想破頭，請去看看蘭德爾・門羅（Randall Munroe）在網路上提出的絕妙回應（他是《如果這樣，會怎樣？胡思亂想的搞怪趣問，正經認真的科學妙答》〔*What If?: Serious Scientific Answers to Absurd Hypothetical Questions*〕的作者）。

6. Michelene T. H. Chi, "Three Types of Conceptual Change: Belief Revision, Mental Model Transformation, and Categorical Shift," chapter 3 in Stella Vosniadou, ed., *International Handbook of Research on Conceptual Change* (New York: Routledge, 2008), 67.

7. 同上，78.

8. Tim Harford, "How Being Wrong Can Help Us Get It Right," *Financial Times*, February 8, 2017. 存取請上 https://www.ft.com/content/8cac0950-ecfc-11e6-930f-061b01e23655.

9. 範例如 Eli Pariser, *The Filter Bubble: What the Internet Is Hiding from You* (New York: Penguin, 2011).

10. Chuck Klosterman, *Chuck Klosterman X: A Highly Specific, Defiantly Incomplete History of the Early 21st Century* (New York: Penguin, 2017).

11. Chuck Klosterman, *But What If We're Wrong?: Thinking About the Present As If It Were the Past* (New York: Penguin, 2016).

12. Roger L. Martin, "My Eureka Moment with Strategy," *Harvard Business Review*, May 3, 2010.

13   Krista Tippett, "Our Origins and the Weight of Space," transcript of an interview with Lawrence Krauss, April 11, 2013. 存取請上 https://onbeing.org/programs/lawrence-krauss-our-origins-and-the-weight-of-space/.

CHAPTER *05* 人為什麼要讓自己不安？

1.   Hal Gregersen, "Bursting the CEO Bubble," *Harvard Business Review*, March–April 2017. 存 取 請 上 https://hbr.org/2017/03/bursting-the-ceo-bubble.

2.   Nicole M. Hill and Walter Schneider, "Brain Changes in the Development of Expertise: Neuroanatomical and Neurophysiological Evidence About Skill-Based Adaptations," in K. Anders Ericsson, Neil Charness, Paul J. Feltovich, Robert R. Hoffman, eds., *The Cambridge Handbook of Expertise and Expert Performance* (New York: Cambridge, 2006), 653–82.

3.   Journal Report, "How Entrepreneurs Come Up with Great Ideas," *Wall Street Journal*, April 29, 2013. 存取請上 https://www.wsj.com/articles/SB10001424127887324445904578283792526004684.

4.   Ioan James, "Henri Poincaré (1854–1912)," in *Remarkable Mathematicians: From Euler to von Neumann* (Cambridge, UK: Cambridge University Press, 2002), 239–40. 彭加勒經常在暫時放下工作度假時靈光乍現一事，也見於 Arthur Koestler in *The Act of Creation* (London: Hutchinson, 1964).

5.   Jackson G. Lu, Modupe Akinola, and Malia F. Mason, "'Switching On' Creativity: Task Switching Can Increase Creativity by Reducing

Cognitive Fixation," *Organizational Behavior and Human Decision Processes* 139 (2017): 63–75.

6. Meryl Reis Louis, "Surprise and Sense Making: What Newcomers Experience in Entering Unfamiliar Organizational Settings," *Administrative Science Quarterly* 25, no. 2 (June 1980): 226–51.

7. Mason Carpenter, Gerard Sanders, and Hal Gregersen, "Bundling Human Capital with Organizational Context: The Impact of International Assignment Experience on Multinational Firm Performance and CEO Pay," *Academy of Management Journal* 44, no. 3 (2001): 493–512; Mason Carpenter, Gerard Sanders, and Hal Gregersen, "International Assignment Experience at the Top Can Make a Bottom-line Difference," *Human Resource Management Journal* 39 (2000): 277–85.

8. L. Stroh, M. Mendenhall, J. S. Black, and Hal Gregersen, *International Assignments: An Integration of Strategy, Research & Practice* (Mahwah, NJ: Lawrence Erlbaum, 2005); J. S. Black, H. B. Gregersen, and M. Mendenhall, *Global Assignments: Successfully Expatriating and Repatriating International Managers* (San Francisco: Jossey-Bass, 1992).

9. Diane Haithman, "Cirque Noir," *Los Angeles Times*, December 26, 2004. 存取請上 http://articles.latimes.com/2004/dec/26/entertainment/ca-lepage26.

10. Richard Heller, "Folk Fortune," *Forbes*, September 4, 2000. 存取請上 https://www.forbes.com/forbes/2000/0904/6606066a.html#647f9396a9fb.

11. Gary Erickson, *Raising the Bar: Integrity and Passion in Life and*

Business; The Story of Clif Bar & Co. (New York: Jossey-Bass, 2004).

CHAPTER *06* **你能安靜不出聲嗎？**

1. Linda Cureton, "If I Want Your Opinion, I Will Give It to You," *Jobber Tech Talk*, October 20, 2015. 存取請上 http://www.jobbertechtalk.com/if-i-want-your-opinion-i-will-give-it-to-you-by-linda-cureton/.

2. Maggie De Pree, "Pitch Lessons from a Cubicle Warrior," Business Fights Poverty (blog), October 28, 2013. 存取請上 http://businessfightspoverty.org/articles/pitch-lessons-from-a-cubicle-warrior/.

3. Clayton Christensen, Taddy Hall, Karen Dillon, and David Duncan, *Competing Against Luck: The Story of Innovation and Customer Choice* (New York: HarperBusiness, 2016), 182.

4. Ellen J. Langer, *Mindfulness* (New York: Addison-Wesley, 1989).

5. Henry Mintzberg, *The Nature of Managerial Work* (New York: Harper & Row, 1973).

6. Oriana Bandiera, Stephen Hansen, Andrea Prat, and Raffaella Sadun, "CEO Behavior and Firm Performance," Harvard Business School Working Paper 17-083 (2017). 存取請上 http://www.hbs.edu/faculty/Publication%20Files/17-083_b62a7d71-a579-49b7-81bd-d9a1f6b46524.pdf.

7. 參見 Susan Cain, *Quiet: The Power of Introverts in a World That Can't Stop Talking* (New York: Crown, 2012).

8. 在麻省理工史隆商學院（Sloan）高階主管教育學程中，我和山姆・阿貝爾在為期兩天、以攝影為主題的作坊中就親眼見識到這一點。在「領導與鏡頭：重新建構問題以找到洞見並展現影響力」（Leadership and the Lens: Reframing the Question to Unlock Insight and Impact）課程中，對所有學員來說，安靜地等待是最難學會的技能。報告完畢。相關說明請見 https://executive.mit.edu/openenrollment/program/innovation-and-images-exploring-the-intersections-of-leadership-and-photography/#.Wy0FgVVKjIU.

9. 每張照片都是出於「構圖然後等待」的時刻，地點分別為耶路撒冷、巴黎和波士頓。每個場景都讓我入迷，所以我創造強烈的構圖，然後等個二十分鐘看看會發生什麼驚喜。人及／或船進入畫面，構成看來「順理成章」的照片。在麻省理工開設的「領導與鏡頭：重新建構問題以找到洞見並展現影響力」作坊課程（和聖塔菲攝影作坊合作）中，我和山姆・阿貝爾經常注意到「等待」是領導者最難實踐的課程。生活不會自動端出「等待時間」給你，「等待」是一種有意識的選擇，對於創作攝影作品以及觸發性問題來說至為重要。

CHAPTER *07* 你要如何導引能量？

1. Danielle Sacks, "Patagonia CEO Rose Marcario Fights the Fights Worth Fighting," *Fast Company*, January 6, 2015. 存取請上 https://www.fastcompany.com/3039739/patagonia-ceo-rose-marcario-fights-the-fights-worth-fighting.

2. Lisa Jardine, *Ingenious Pursuits: Building the Scientific Revolution* (New York: Nan A. Talese, 1999), 7.

3. Yvon Chouinard, *Let My People Go Surfing: The Education of a*

Reluctant Businessman (New York: Penguin, 2005).

4.　設計思維已經成為創業、企業與非營利機構裡的創新者所用的主流方式，如欲快速掌握相關方法，請參見 Tim Brown, "Design Thinking," *Harvard Business Review*, June 2008。提姆‧布朗（Tim Brown）是設計公司 IDEO 的執行長兼總裁，他就是在這家公司裡率先提出這套方法。

5.　淨推薦分數是一個很簡單的衡量指標，調查真實顧客建議或推廣他們所購買的產品或服務給其他人的可能性，從中得出分數。如欲了解發明這套指標的顧問對此所做的說明，請參見 Fred Reichheld, "The One Number You Need to Grow," *Harvard Business Review*, December 2003.

6.　C. E. Shalley, J. Zhou, and G. R. Oldham, "The Effects of Personal and Contextual Characteristics on Creativity: Where Should We Go from Here?" *Journal of Management* 30 (2004): 933–58.

7.　A. M. Isen, "On the Relationship Between Affect and Creative Problem Solving," in S. Russ, ed., *Affect, Creative Experience and Psychological Adjustment* (Philadelphia: Brunner/Mazel, 1999), 3–17.

8.　Valeria Biasi, Paolo Bonaiuto, and James M. Levin, "Relation Between Stress Conditions, Uncertainty and Incongruity Intolerance, Rigidity and Mental Health: Experimental Demonstrations," *Health* 7, no. 1 (January 14, 2015): 71–84.

9.　Jose-Maria Fernandez, Roger M. Stein, and Andrew W. Lo, "Commercializing Biomedical Research Through Securitization Techniques," *Nature Biotechnology* 30 (2012): 964–75. 存取請上 doi:10.1038/nbt.2374.

10.　Teresa Amabile and Steven Kramer, *The Progress Principle: Using*

Small Wins to Ignite Joy, Engagement, and Creativity at Work (Boston: Harvard Business Review Press, 2011).

11. Robert I. Sutton and Huggy Rao, *Scaling Up Excellence: Getting to More Without Settling for Less* (New York: Crown Business, 2014).

12. Judith Samuelson, "Larry Fink's Letter to CEOs Is About More Than 'Social Initiatives,' " *Quartz@Work*, January 18, 2018. 存取請上 https://work.qz.com/1182544/larry-finks-letter-to-ceos-is-about-more-than-social-initiatives/.

13. Ray Dalio, *Principles: Life and Work* (New York: Simon & Schuster, 2017), 415.

14. Paul J. Zak, "Why Your Brain Loves Good Storytelling," *Harvard Business Review*, October 28, 2014.

15. 想要更了解莫・威樂以及他的作品的吸引力，我推薦 Rivka Galchen, "Mo Willems's Funny Failures," *New Yorker*, February 6, 2017. 存取請上 https://www.newyorker.com/magazine/2017/02/06/mo-willems-funny-failures.

16. Chris Anderson, *TED Talks: The Official TED Guide to Public Speaking* (New York: Houghton Mifflin Harcourt, 2016), 64.

CHAPTER *08* **我們能否培養出下一代的提問人？**

1. 這段話是他的朋友唐納德・薛夫（Donald Sheff）在一封寫給《紐約時報》（*New York Times*）編輯的信中所提，請見 "Izzy, Did You Ask a Good Question Today?," January 19, 1988. 存取請上 http://www.nytimes.com/1988/01/19/opinion/l-izzy-did-you-ask-a-good-

question-today-712388.html.

2. Dan Rothstein and Luz Santana, *Make Just One Change: Teach Students to Ask Their Own Questions* (Cambridge, MA: Harvard Education Press, 2011).

3. 範例如梅若李‧亞當斯，她在《問得好！換個問題，改變一生》一書也用同樣的取向來看到老師的教育方法。

4. 加州大學河濱分校（University of California, Riverside）的詹姆士‧狄龍研究這種現象，範例請見他的論文 "Questioning in Education," in Michel Meyer, ed., *Questions and Questioning* (Berlin: Walter de Gruyter, 1988), 98–118.

5. 關於這項實驗的相關說明，請見 Dale Russakoff, *The Prize: Who's in Charge of America's Schools?* (New York: Houghton Mifflin Harcourt, 2015).

6. Mary Budd Rowe, "Wait-Time and Rewards as Instructional Variables, Their Influence on Language, Logic, and Fate Control: Part One—Wait-Time," *Journal of Research in Science Teaching* 11, no. 2 (June 1974): 81–94. 存取請上 https://doi.org/10.1002/tea.3660110202.

7. Karron G. Lewis, "Developing Questioning Skills," in *Teachers and Students-Sourcebook* (Austin: Center for Teaching Effectiveness, the University of Texas at Austin, 2002). 存取請上 https://www1.udel.edu/chem/white/U460/Devel-question-skills-UTx.pdf

8. Sophie von Stumm, Benedikt Hell, and Tomas Chamorro-Premuzic, "The Hungry Mind: Intellectual Curiosity Is the Third Pillar of Academic Performance," *Perspectives on Psychological Science* 6, no. 6 (2011): 574–88. 存取請上 https://www.researchgate.net/publication/234218535_The_Hungry_Mind_-_Intellectual_Curiosity_

Is_the_Third_Pillar_of_Academic_Performance. See also B. G. Charlton, "Why Are Modern Scientists So Dull?: How Science Selects for Perseverance and Sociability at the Expense of Intelligence and Creativity," *Medical Hypotheses* 72 (2009), 237–43.

9. Christopher Uhl and Dana L. Stuchul, *Teaching as if Life Matters: The Promise of a New Education Culture* (Baltimore: Johns Hopkins University Press, 2011), 75.

10. Angeline Stoll Lillard, *Montessori: The Science Behind the Genius* (Oxford, UK: Oxford University Press, 2007), 129.

11. Greg Windle, "Workshop School Wins National Innovation Grant," *Philadelphia Public School Notebook*, March 7, 2016. 存取請上 http://thenotebook.org/latest0/2016/03/07/art-of-teaching-learning-workshop-school.

12. 想了解莎爾蒂對於青年失業有何想法以及她認為教授創業有什麼價值，請見阿曼達‧派克（Amanda Pike） 替《前線／世界》（*Frontline/World*） 節目所做的莎爾蒂深度訪談，存取請上 http://www.pbs.org/frontlineworld/stories/egypt804/interview/extended.html.

13. 全球青年成就組織的前任總裁兼執行長尚恩‧陸許（Sean Rush）最近說了一段話，呼應了我說莎爾蒂持續影響他人的結論，他說：「索拉雅是摯友也是好同事，她不但激勵了年輕人，也激勵了我去質疑所屬組織以及身邊世界的現狀。身為一位中東女性，她質疑、挑戰並鼓舞無數的年輕人起身行動，超越成功的傳統定義。她活在穩健的青年成就組織裡，持續扭轉中東年輕人看待未來的態度。她過去是、現在也是我們這個充滿紛擾的世界裡的希望之光。」

14. Dhirendra Kumar, "The Art of Questioning," *Value Research*, April 5, 2017. 存取請上 https://www.valueresearchonline.com/story/h2_storyview.asp?str=30352&&utm_medium=vro.in.

15. Tony Wagner, *Creating Innovators: The Making of Young People Who Will Change the World* (New York: Scribner, 2012).

16. 順帶一提,貝佐斯創辦亞馬遜時,他也取得了「relentless.com」這個網址。這是一個指標,指出他對於「堅持不懈」(relentless)一詞非常有感,他相信未來對他來說可能是一個有用的網址。

17. David McCullough, *The Wright Brothers* (New York: Simon & Schuster, 2015), 18.

18. Ken Bain, *What the Best College Students Do* (Cambridge, MA: Harvard University Press, 2012), 159.

19. Owen Fiss, *Pillars of Justice* (Cambridge, MA: Harvard University Press, 2017).

20. 更多請參見 J. Bonner Ritchie and S. C. Hammond, "We (Still) Need a World of Scholar-Leaders: 25 Years of Reframing Education," *Journal of Management Inquiry* 14 (2005), 6–12.

21. Interview with John Hunt, *Lürzer's Archive*, issue 3 (2010). 存取請上 https://www.luerzersarchive.com/en/magazine/interview/john-hunt-126.html.

22. Antoine de Saint-Exupéry, *The Little Prince* (New York: Harcourt, Brace & World, 1943).

23. 如果你覺得一天花四分鐘專注於提問聽起來很合理,而且你樂意

從一個志同道合的社群得到一些鼓勵，請上 https://4-24project.org/。

CHAPTER *09* 何不以最重要的問題為目標？

1. 人們通常把這句名言和下一句帶有輕蔑嘲笑意味的句子一起說：
    「就算已經有很多人嘗試過，但任何以跳蚤為題的著作都不可能
    成為偉大且禁得起時間考驗的經典。」但我比較喜歡更前面那一
    句，比較昂揚：「如此這般雄大，正是大型且自由奔放的主題美
    好之處！我們要說盡其大。」請見 Herman Melville, *Moby-Dick, or
    the White Whale* (Boston: St. Botolph Society, 1892), 428.

2. Andrew Solomon "The Middle of Things: Advice for Young Writers,"
    New Yorker, March 11, 2015. 存取請上 https://www.newyorker.com/
    books/page-turner/the-middle-of-things-advice-for-young-writers.

3. 欲了解更多 X 大獎背後的故事，請見 Michael Belfiore, *Rocketeers:
    How a Visionary Band of Business Leaders, Engineers, and Pilots Is
    Boldly Privatizing Space* (Washington, DC: Smithsonian, 2007); Julian
    Guthrie, *How to Make a Spaceship: A Band of Renegades, an Epic
    Race, and the Birth of Private Spaceflight* (New York: Penguin, 2016).

4. Oprah Winfrey, "What Oprah Knows for Sure About Life's Big
    Questions," Oprah.com, December 12, 2017. 存取請上 http://www.
    oprah.com/inspiration/what-oprah-knows-for-sure-about-lifes-big-
    questions #ixzz5ILDBCed5.

5. Gary Zukav, *The Seat of the Soul: 25th Anniversary Edition* (New
    York: Simon & Schuster, 2014), xiv.

| 結語 | **你該如何自我要求？**

1.   Robert Fulghum, *What on Earth Have I Done?: Stories, Observations, and Affirmations* (New York: St. Martin's Press, 2007), 290–91.

2.   對於出生時就自動得到社會安全號碼或類似身分識別碼的西方人來說，身分證不是什麼夢寐以求的東西，有些擔心這類資料庫可能遭到濫用的人甚至還對此感到懷疑，但是，對於會因為缺乏官方證明而無法獲得機會或援助的人來說，身分證明基本上改變了他們的人生。

BIG 329

創意提問力：麻省理工領導力中心前執行長教你如何說出好問題

作　　者－海爾·葛瑞格森（Hal Gregersen）
譯　　者－吳書榆
主　　編－陳家仁
編　　輯－黃凱怡
協力編輯－聞若婷
企　　劃－藍秋惠
封面設計－江孟達
內頁設計－李宜芝

總 編 輯－胡金倫
董 事 長－趙政岷
出 版 者－時報文化出版企業股份有限公司
　　　　　108019 台北市和平西路三段 240 號 4 樓
　　　　　發行專線－(02)2306-6842
　　　　　讀者服務專線－ 0800-231-705・(02)2304-7103
　　　　　讀者服務傳真－ (02)2304-6858
　　　　　郵撥－ 19344724 時報文化出版公司
　　　　　信箱－ 10899 臺北華江橋郵局第 99 信箱
時報悅讀網－ http://www.readingtimes.com.tw
法律顧問－理律法律事務所 陳長文律師、李念祖律師
印　　刷－勁達印刷有限公司
初版一刷－ 2020 年 5 月 15 日
初版四刷－ 2022 年 6 月 14 日
定　　價－新台幣 450 元
（缺頁或破損的書，請寄回更換）

時報文化出版公司成立於一九七五年，
並於一九九九年股票上櫃公開發行，於二〇〇八年脫離中時集團非屬旺中，
以「尊重智慧與創意的文化事業」為信念。

創意提問力：麻省理工領導力中心前執行長教你如何說出好問題 / 海
爾．葛瑞格森 (Hal Gregersen) 作；吳書榆譯 .-- 初版 .-- 臺北市：時報
文化, 2020.05
352 面；14.8x21 公分
譯自：Questions are the answer : a breakthrough approach to your most
　　　vexing problems at work and in life
ISBN 978-957-13-8154-1(平裝)

1. 職場成功法 2. 創造性思考

494.35　　　　　　　　　　　　　　　　　　　　　109003816

ISBN 978-957-13-8154-1
Printed in Taiwan